U0396907

NATURAL HISTORY
UNIVERSAL LIBRARY

西方博物学大系

主编：江晓原

DE PLANTIS EXOTICIS

外来植物

[意] 普罗斯佩罗·阿尔皮尼 著

华东师范大学出版社

图书在版编目（CIP）数据

外来植物 = De plantis exoticis：拉丁文 /(法) 普罗斯佩罗·阿尔皮尼 (Prospero Alpini)著. — 上海：华东师范大学出版社, 2019

（寰宇文献）

ISBN 978-7-5675-9545-3

Ⅰ.①外… Ⅱ.①普… Ⅲ.①植物–外来种–拉丁语 Ⅳ.①Q941

中国版本图书馆CIP数据核字(2019)第157979号

外来植物
DE PLANTIS EXOTICIS
普罗斯佩罗·阿尔皮尼 (Prospero Alpini)

特约策划　黄曙辉　徐　辰
责任编辑　庞　坚
特约编辑　许　倩
装帧设计　刘怡霖

出版发行　华东师范大学出版社
社　　　址　上海市中山北路3663号　邮编 200062
网　　　址　www.ecnupress.com.cn
电　　　话　021-60821666　行政传真　021-62572105
客服电话　021-62865537
门市（邮购）电话　021-62869887
地　　　址　上海市中山北路3663号华东师范大学校内先锋路口
网　　　店　http://hdsdcbs.tmall.com/

印　刷　者　北京虎彩文化传播有限公司
开　　　本　787×1092　16开
印　　　张　23.75
版　　　次　2019年8月第1版
印　　　次　2019年8月第1次
书　　　号　ISBN 978-7-5675-9545-3
定　　　价　398.00元（精装全一册）

出　版　人　王　焰

（如发现本版图书有印订质量问题，请寄回本社客服中心调换或电话021-62865537联系）

《西方博物学大系》总序

江晓原

《西方博物学大系》收录博物学著作超过一百种，时间跨度为 15 世纪至 1919 年，作者分布于 16 个国家，写作语种有英语、法语、拉丁语、德语、弗莱芒语等，涉及对象包括植物、昆虫、软体动物、两栖动物、爬行动物、哺乳动物、鸟类和人类等，西方博物学史上的经典著作大备于此编。

中西方"博物"传统及观念之异同

今天中文里的"博物学"一词，学者们认为对应的英语词汇是 Natural History，考其本义，在中国传统文化中并无现成对应词汇。在中国传统文化中原有"博物"一词，与"自然史"当然并不精确相同，甚至还有着相当大的区别，但是在"搜集自然界的物品"这种最原始的意义上，两者确实也大有相通之处，故以"博物学"对译 Natural History 一词，大体仍属可取，而且已被广泛接受。

已故科学史前辈刘祖慰教授尝言：古代中国人处理知识，如开中药铺，有数十上百小抽屉，将百药分门别类放入其中，即心安矣。刘教授言此，其辞若有憾焉——认为中国人不致力于寻求世界"所以然之理"，故不如西方之分析传统优越。然而古代中国人这种处理知识的风格，正与西方的博物学相通。

与此相对，西方的分析传统致力于探求各种现象和物体之间的相互关系，试图以此解释宇宙运行的原因。自古希腊开始，西方哲人即孜孜不倦建构各种几何模型，欲用以说明宇宙如何运行，其中最典型的代表，即为托勒密（Ptolemy）的宇宙体系。

比较两者，差别即在于：古代中国人主要关心外部世界"如何"运行，而以希腊为源头的西方知识传统（西方并非没有别的知识传统，只是未能光大而已）更关心世界"为何"如此运行。在线性发展无限进步的科学主义观念体系中，我们习惯于认为"为何"是在解决了"如何"之后的更高境界，故西方的分析传统比中国的传统更高明。

然而考之古代实际情形，如此简单的优劣结论未必能够成立。例如以天文学言之，古代东西方世界天文学的终极问题是共同的：给定任意地点和时刻，计算出太阳、月亮和五大行星（七政）的位置。古代中国人虽不致力于建立几何模型去解释七政"为何"如此运行，但他们用抽象的周期叠加（古代巴比伦也使用类似方法），同样能在足够高的精度上计算并预报任意给定地点和时刻的七政位置。而通过持续观察天象变化以统计、收集各种天象周期，同样可视之为富有博物学色彩的活动。

还有一点需要注意：虽然我们已经接受了用"博物学"来对译 Natural History，但中国的博物传统，确实和西方的博物学有一个重大差别——即中国的博物传统是可以容纳怪力乱神的，而西方的博物学基本上没有怪力乱神的位置。

古代中国人的博物传统不限于"多识于鸟兽草木之名"。体现此种传统的典型著作，首推晋代张华《博物志》一书。书名"博物"，其义尽显。此书从内容到分类，无不充分体现它作为中国博物传统的代表资格。

《博物志》中内容，大致可分为五类：一、山川地理知识；二、奇禽异兽描述；三、古代神话材料；四、历史人物传说；五、神仙方伎故事。这五大类，完全符合中国文化中的博物传统，深合中国古代博物传统之旨。第一类，其中涉及宇宙学说，甚至还有"地动"思想，故为科学史家所重视。第二类，其中甚至出现了中国古代长期流传的"守宫砂"传说的早期文献：相传守宫砂点在处女胳膊上，永不褪色，只有性交之后才会自动消失。第三类，古代神话传说，其中甚至包括可猜想为现代"连体人"的记载。第四类，各种著名历史人物，比如三位著名刺客的传说，此三名刺客及所刺对象，历史上皆实有其人。第五类，包括各种古代方术传说，比如中国古代房中养生学说，房中术史上的传说人物之一"青牛道士封君达"等等。前两类与西方的博物学较为接近，但每一类都会带怪力乱神色彩。

"所有的科学不是物理学就是集邮"

在许多人心目中，画画花草图案，做做昆虫标本，拍拍植物照片，这类博物学活动，和精密的数理科学，比如天文学、物理学等等，那是无法同日而语的。博物学显得那么的初级、简单，甚至幼稚。这种观念，实际上是将"数理程度"作为唯一的标尺，用来衡量一切知识。但凡能够使用数学工具来描述的，或能够进行物理实验的，那就是"硬"科学。使用的数学工具越高深越复杂，似乎就越"硬"；物理实验设备越庞大，花费的金钱越多，似乎就越"高端"、越"先进"……

这样的观念，当然带着浓厚的"物理学沙文主义"色彩，在很多情况下是不正确的。而实际上，即使我们暂且同意上述"物理学沙文主义"的观念，博物学的"科学地位"也仍然可以保住。作为一个学天体物理专业出身，因而经常徜徉在"物理学沙文主义"幻影之下的人，我很乐意指出这样一个事实：现代天文学家们的研究工作中，仍然有绘制星图，编制星表，以及为此进行的巡天观测等等活动，这些活动和博物学家"寻花问柳"，绘制植物或昆虫图谱，本质上是完全一致的。

这里我们不妨重温物理学家卢瑟福(Ernest Rutherford)的金句："所有的科学不是物理学就是集邮（ All science is either physics or stamp collecting ）。"卢瑟福的这个金句堪称"物理学沙文主义"的极致，连天文学也没被他放在眼里。不过，按照中国传统的"博物"理念，集邮毫无疑问应该是博物学的一部分——尽管古代并没有邮票。卢瑟福的金句也可以从另一个角度来解读：既然在卢瑟福眼里天文学和博物学都只是"集邮"，那岂不就可以将博物学和天文学相提并论了？

如果我们摆脱了科学主义的语境，则西方模式的优越性将进一步被消解。例如，按照霍金(Stephen Hawking)在《大设计》(The Grand Design)中的意见，他所认同的是一种"依赖模型的实在论(model-dependent realism)"，即"不存在与图像或理论无关的实在性概念（ There is no picture- or theory-independent concept of reality ）"。在这样的认识中，我们以前所坚信的外部世界的客观性，已经不复存在。既然几何模型只不过是对外部世界图像的人为建构，则古代中国人干脆放弃这种建构直奔应用（毕竟在实际应用中我们只需要知道七政"如何"运行），又有何不可？

传说中的"神农尝百草"故事，也可以在类似意义下得到新的解读："尝百草"当然是富有博物学色彩的活动，神农通过这一活动，得知哪些草能够治病，哪些不能，然而在这个传说中，神农显然没有致力于解释"为何"某些草能够治病而另一些则不能，更不会去建立"模型"以说明之。

"帝国科学"的原罪

今日学者有倡言"博物学复兴"者，用意可有多种，诸如缓解压力、亲近自然、保护环境、绿色生活、可持续发展、科学主义解毒剂等等，皆属美善。编印《西方博物学大系》也是意欲为"博物学复兴"添一助力。

然而，对于这些博物学著作，有一点似乎从未见学者指出过，而鄙意以为，当我们披阅把玩欣赏这些著作时，意识到这一点是必须的。

这百余种著作的时间跨度为 15 世纪至 1919 年，注意这个时间跨度，正是西方列强"帝国科学"大行其道的时代。遥想当年，帝国的科学家们乘上帝国的军舰——达尔文在皇家海军"小猎犬号"上就是这样的场景之一，前往那些已经成为帝国的殖民地或还未成为殖民地的"未开化"的遥远地方，通常都是踌躇满志、充满优越感的。

作为一个典型的例子，英国学者法拉在（Patricia Fara）《性、植物学与帝国：林奈与班克斯》（*Sex, Botany and Empire, The Story of Carl Linnaeus and Joseph Banks*）一书中讲述了英国植物学家班克斯（Joseph Banks）的故事。1768 年 8 月 15 日，班克斯告别未婚妻，登上了澳大利亚军舰"奋进号"。此次"奋进号"的远航是受英国海军部和皇家学会资助，目的是前往南太平洋的塔希提岛（Tahiti，法属海外自治领，另一个常见的译名是"大溪地"）观测一次比较罕见的金星凌日。舰长库克（James Cook）是西方殖民史上最著名的舰长之一，多次远航探险，开拓海外殖民地。他还被认为是澳大利亚和夏威夷群岛的"发现"者，如今以他命名的群岛、海峡、山峰等不胜枚举。

当"奋进号"停靠塔希提岛时，班克斯一下就被当地美丽的土著女性迷昏了，他在她们的温柔乡里纵情狂欢，连库克舰长都看不下去了，"道德愤怒情绪偷偷溜进了他的日志当中，他发现自己根本不可能不去批评所见到的滥交行为"，而班克斯纵欲到了"连嫖妓都毫无激情"的地步——这是别人讽刺班克斯的说法，因为对于那时常年航行于茫茫大海上的男性来说，上岸嫖妓通常是一项能够唤起"激情"的活动。

而在"帝国科学"的宏大叙事中，科学家的私德是无关紧要的，人们关注的是科学家做出的科学发现。所以，尽管一面是班克斯在塔希提岛纵欲滥交，一面是他留在故乡的未婚妻正泪眼婆娑地"为远去的心上人绣织背心"，这样典型的"渣男"行径要是放在今天，非被互联网上的口水淹死不可，但是"班克斯很快从他们的分离之苦中走了出来，在外近三年，他活得倒十分滋润"。

法拉不无讽刺地指出了"帝国科学"的实质："班克斯接管了当地的女性和植物，而库克则保护了大英帝国在太平洋上的殖民地。"甚至对班克斯的植物学本身也调侃了一番："即使是植物学方面的科学术语也充满了性指涉。……这个体系主要依靠花朵之中雌雄生殖器官的数量来进行分类。"据说"要保护年轻妇女不受植物学教育的浸染，他们严令禁止各种各样的植物采集探险活动"。这简直就是将植物学看成一种"涉黄"的淫秽色情活动了。

在意识形态强烈影响着我们学术话语的时代，上面的故事通常是这样被描述的：库克舰长的"奋进号"军舰对殖民地和尚未成为殖民地的那些地方的所谓"访问"，其实是殖民者耀武扬威的侵略，搭载着达尔文的"小猎犬号"军舰也是同样行径；班克斯和当地女性的纵欲狂欢，当然是殖民者对土著妇女令人发指的蹂躏；即使是他采集当地植物标本的"科学考察"，也可以视为殖民者"窃取当地经济情报"的罪恶行为。

后来改革开放，上面那种意识形态话语被抛弃了，但似乎又走向了另一个极端，完全忘记或有意回避殖民者和帝国主义这个层面，只歌颂这些军舰上的科学家的伟大发现和成就，例如达尔文随着"小猎犬号"的航行，早已成为一曲祥和优美的科学颂歌。

其实达尔文也未能免俗，他在远航中也乐意与土著女性打打交道，当然他没有像班克斯那样滥情纵欲。在达尔文为"小猎犬号"远航写的《环球游记》中，我们读到："回程途中我们遇到一群黑人姑娘在聚会，……我们笑着看了很久，还给了她们一些钱，这着实令她们欣喜一番，拿着钱尖声大笑起来，很远还能听到那愉悦的笑声。"

有趣的是，在班克斯在塔希提岛纵欲六十多年后，达尔文随着"小猎犬号"也来到了塔希提岛，岛上的土著女性同样引起了达尔文的注意，在《环球游记》中他写道："我对这里妇女的外貌感到有些失望，然而她们却很爱美，把一朵白花或者红花戴在脑后的发髻上……"接着他以居高临下的笔调描述了当地女性的几种发饰。

用今天的眼光来看，这些在别的民族土地上采集植物动物标本、测量地质水文数据等等的"科学考察"行为，有没有合法性问题？有没有侵犯主权的问题？这些行为得到当地人的同意了吗？当地人知道这些行为的性质和意义吗？他们有知情权吗？……这些问题，在今天的国际交往中，确实都是存在的。

也许有人会为这些帝国科学家辩解说：那时当地土著尚在未开化或半开化状态中，他们哪有"国家主权"的意识啊？他们也没有制止帝国科学家的考察活动啊。但是，这样的辩解是无法成立的。

姑不论当地土著当时究竟有没有试图制止帝国科学家的"科学考察"行为，现在早已不得而知，只要殖民者没有记录下来，我们通常就无法知道。况且殖民者有军舰有枪炮，土著就是想制止也无能为力。正如法拉所描述的："在几个塔希提人被杀之后，一套行之有效的易货贸易体制建立了起来。"

即使土著因为无知而没有制止帝国科学家的"科学考察"行为，这事也很像一个成年人闯进别人的家，难道因为那家只有不懂事的小孩子，闯入者就可以随便打探那家的隐私、拿走那家的东西、甚至将那家的房屋土地据为己有吗？事实上，很多情况下殖民者就是这样干的。所以，所谓的"帝国科学"，其实是有着原罪的。

如果沿用上述比喻，现在的局面是，家家户户都不会只有不懂事的孩子了，所以任何外来者要想进行"科学探索"，他也得和这家主人达成共识，得到这家主人的允许才能够进行。即使这种共识的达成依赖于利益的交换，至少也不能单方面强加于人。

博物学在今日中国

博物学在今日中国之复兴，北京大学刘华杰教授提倡之功殊不可没。自刘教授大力提倡之后，各界人士纷纷跟进，仿佛昔日蔡锷在云南起兵反袁之"滇黔首义，薄海同钦，一檄遥传，景从恐后"光景，这当然是和博物学本身特点密切相关的。

无论在西方还是在中国，无论在过去还是在当下，为何博物学在它繁荣时尚的阶段，就会应者云集？深究起来，恐怕和博物学本身的特点有关。博物学没有复杂的理论结构，它的专业训练也相对容易，至少没有天文学、物理学那样的数理"门槛"，所以和一些数理学科相比，博物学可以有更多的自学成才者。这次编印的《西方博物学大系》，卷帙浩繁，蔚为大观，同样说明了这一点。

最后，还有一点明显的差别必须在此处强调指出：用刘华杰教授喜欢的术语来说，《西方博物学大系》所收入的百余种著作，绝大部分属于"一阶"性质的工作，即直接对博物学作出了贡献的著作。事实上，这也是它们被收入《西方博物学大系》的主要理由之一。而在中国国内目前已经相当热的博物学时尚潮流中，绝大部分已经出版的书籍，不是属于"二阶"性质（比如介绍西方的博物学成就），就是文学性的吟风咏月野草闲花。

要寻找中国当代学者在博物学方面的"一阶"著作，如果有之，以笔者之孤陋寡闻，唯有刘华杰教授的《檀岛花事——夏威夷植物日记》三卷，可以当之。这是刘教授在夏威夷群岛实地考察当地植物的成果，不仅属于直接对博物学作出贡献之作，而且至少在形式上将昔日"帝国科学"的逻辑反其道而用之，岂不快哉！

2018 年 6 月 5 日
于上海交通大学
科学史与科学文化研究院

普罗斯佩罗·阿尔皮尼
（Prospero Alpini）

普罗斯佩罗·阿尔皮尼（Prospero Alpini，1553—1616 或 1617），意大利名医兼植物学家。生于威尼斯的一个医生家庭。年轻时曾在米兰公国军队服役。后在帕多瓦大学修习并以优异成绩获得医学和自然科学学位。在帕多瓦开业行医，并被帕多瓦大学聘为教授。1580 年，作为威尼斯使节团的医生前往埃及居住三年，在此期间对中东的植物进行了详细研究，是最早观察记录植物授粉详情的科学家之一，也影响了后来林奈的植物分类法。他生前与身后出版多部著作，向西方世界介绍了许多当时闻所未闻的植物，例如咖啡豆、香蕉和猴面包树等。

《外来植物》是阿尔皮尼的遗作，1629 年在意大利首印。本书共约 360 页，向西方人介绍了约 180 种异域植物，其中大部分来自中东地区。书中每种植物都配有精美插画，为研究和绘制这些外来植物，时任帕多瓦大学植物园园长的阿尔皮尼亲自在园内进行栽种培育，并请画师根据实物绘制，细节丰富，可信度很高。今据原版影印行世。

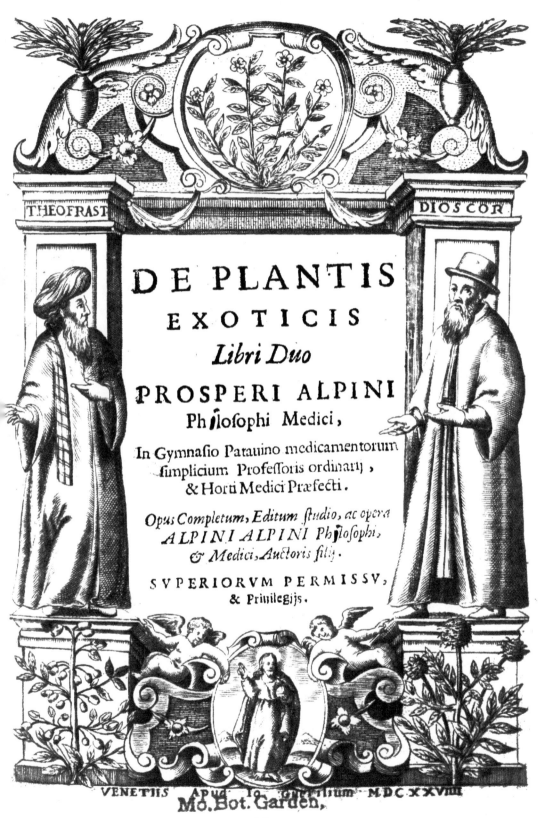

THEOFRAST

DIOSCOR

DE PLANTIS
EXOTICIS
Libri Duo
PROSPERI ALPINI
Philoſophi Medici,

In Gymnaſio Patauino medicamentorum
ſimplicium Profeſſoris ordinarij ,
& Horti Medici Præfecti.

Opus Completum, Editum ſtudio, ac opera
ALPINI ALPINI Philoſophi,
& Medici, Auctoris filij.

SVPERIORVM PERMISSV,
& Priuilegijs.

VENETIIS, Apud Io. Guerilium MDCXXVIII

ILLVSTRISSIMO
NICOLAO CONTARENO,
HIERONYMI FILIO,
Patritio Veneto.

Domino, ac Patrono suo Colendiss.

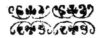

ALPINVS ALPINVS S. P. D.

Lantarum legitima cognitio, quantum, in arte medica rectè exercēda, sit necessaria, equè, ac delectabilis, tibi Illustriss. viro, de hac re, præ cæteris maximè merito, ac in harum cognitione versatissimo, ignotū haud esse scio; si quidem ad rectam medicamentorum compositionem, & ad idoneum compositorum vsum, debet necessario precedere, simplicium, eandem ingredientium, cognitio, vt de corūdem viribus iudicium facere possimus, quod assequi (quis non videt impossibile) nisi simplicium habebimus cognitionem, extrinsecam non tantum, quæ oculis subijcitur, verum & multò magis intrinsecam, ad quam consequendam odor, & sapor primario conducunt, vtrique ad primarum,

a 2 &

& secundarum facultatum indagationem inseruientes; his
addatur, naturalis simplicium temperies ex loco contracta,
vbi oritur quęlibet stirps, ideam nobis talem, constituens, vt
hanc perspectam, de ipsarum qualitatibus, aliquid conti-
nuo affirmare possimus, si palustris enim planta (quis ibit inficias) quamuis in actiuis calida respectù alterius monta-
nę calidę itidem, multò minorem vim in illa, quam in hac,
excalfacientem, a natura insitam esse, quod non solum de a-
ctiuis facultatibus verificatur, verum idem de passiuis, ab
humiditate enim connaturali loci palustris, dum ibi planta
oritur, constituitur talis eidem temperies, vt semper sicci-
tas (si plantæ insit) sic refringatur a patrio solo naturaliter
humido, vt in eisdem passiuis sit multò inferior altera, tra-
hente originem ex sicciore loco, quam tamen plantarum
temperiem non possumus assequi, nisi primum quo nomine
planta donetur, discamus, ad cuius notitiam consequitur
cupiditas indagandi locum, vbi viuit, mox si odorata, vel
non, & si odorata si benè, vel male oleat, deinde si amara,
acris, dulcis, insipida, acida, & sic ex consequenti omnium,
non solum extrinsecus, verum etiam intrinsecus constituen
tium formam, & realem quidditatem plantarum, à quâ
qualitates, à quibus vires, & vsus in medicina nanciscūtur;
Quis, quæso, in medicamentorum compositione propositis
intentionibus satisfaciet, cum accidat sæpè sæpius contra-
rias esse indicationes, pro varietate materiæ morbificæ,
si oporteat calida frigidis admiscere, cum ratione tamen,
vt calida facultas à frigiditate alterius non obtundatur,
& frigiditas eiusdem in toto à calore non dissipetur, &
hæc & illa secundum intentiones respondeat, addendo tamen, quod possit immodicum illius calorem, minuere; quomodo hæc perficientur, nisi simpliciū facultates optimè cal-
leat,

leat,& quis verè medicus, niſi hás optimè poſſideat? Qɛid ?
nonnè medicamentum quodlibet debet habere (loquor de
compoſitis) tria, vnum quod habeat rationem baſis, corri-
gentis, aliud, adiuuātis tertium, quomodo igitur eligemus ;
ſi neceſſe fuerit medicamētum exſiccans, ſi exſiccare ſalſam
pænitus ignorauerimus ? vel ſi ſolum relatione hoc percepe
rimus, qua ſecuritate hac vtemur ? niſi per rationē, aut per
experientiam, aut propter vtrumque quod eſt (omnium tu-
tiſſimum) eiuſdem effectum perſuaſi erimus: ſi in hac igitur
animus operantis eſt ambiguus, non callens eius qualitatē
ratione, aut experientia , (cum tamen ſalſa omnis, quæ ad
vſum, hic defertur, tota ex eodem cælo colligatur) quanto
magis nos debebit alterare plātarum vſus, cum neſcierimus
exactè qualitates, cum eadem planta non ſolum ob ambien
tem calidiorem, vel frigidiorem , ob cęli mutationem factā
qualitatibus ſit diuerſa, ſed à terra plantarum matre, tanta
& talis ſuccedat eiuſdem naturalis temperiei mutatio , vt
nuperrimè dixerimus, ab ipſa omnino ferè pēdere qualitates plantarum, mediante tamen Sole agente tanquam eius
patre, ſtirpes enim omnes à Sole, & à terra trahunt, & formam & qualitates, ſuppoſito ſemine, à quo habent latētem
quandam vim, ſibi ſimile generandi : Abſinthium quis negabit, quamuis calidum maiorem nanciſci caliditatem , ſi
ex ſterili & macro ſolo ortum traxerit, minorē ſi in locis frigidis , humiditate refertis: indifferenter tamen abſinthio
vtentur, vtpotè calido ad omnes morbos frigidos in eodem
exceſſu, eum tamen ſemper ob diuerſitatem ſui ortus, ſit vel
magis vel minus calidum, & ſic ex conſequenti ſæpius acci-
dit, vt vicè iuuandi patientem, vel hoc non aſſequantur ob
debilitatem agētis medicamenti, vel potius ob validiorem
eius vim de morbo frigido introducant calidum, ſic & pari
ratione.

ratione quomodo eligemus adiuuans, & corrigens, si cum debemus corrigere frigiditatem impēsam medicamenti nesciemus quale medicamentum moderatè calidum addere, vt aliquantulum medicamenti frigidissimi vis refringatur, sic tamen vt secundum intentionem propositam operetur, ne frigiditas ex toto aboleatur; sic & de adiuantibus, si enim volumus addere aliquid quod inseruiat pro vehiculo medicaméti ad partes penitiores, hoc autem eligere debeamus tenuium partium, quomodo hoc accipiemus, ignorantes, illud, vel hoc medcamentum, id præstare, & qua facultate. His sic stantibus, quis non affirmabit, simplicium cognitionem medico esse necessariam, non solum vt facultates simplicium medicamentorum optimè cognoscat ad eorundem rectum in medicina vsum, sed etiam vt tutò, citò, & fœliciter operetur, ad ægrorum salutem, & ad existimationem, & vtilitatem sibi comparandam. Quid dicam secundario de iucunditate imperceptibili, quam consequitur plantarum cognitio, nonne quisque dum in suo horto varias conspicit plantarum imagines, quamuis animus sit grauioribus curis implicitus, nonnè ità distrahitur, vt omnium obliuiscatur, & solum circa contemplationem harum versetur, obseruat in specie Acacias, balsamos, cassias, in suo horto virescere, quamuis in solo diuerso à suo naturali & patrio, sic summoperè gaudet, In genere videt omnes stirpes, frutices, arbusculos, arbores ita se bene habere, se in multos propagare, vt putet se supra alios copiosissimū fore, sicquequadam aura ambitionis (digna tamen) valdè lætatur, Si conspicit in vniuersum florum varietates (non solum bulbaceorum verum & iam iam propositorū) copiam, pulchritudinem, eximiam magnitudinem, (respectu aliorum eiusdem tamen speciei,) ita oculus eximia voluptate perfruitur

fruitur, ita animus iubilat, vt sit impossibile sic lætantem animum verbis describere; Quid amplius? hæc omnia tibi Illustrissimo viro sunt perspectissima in plantarum cognitione nemini secundo, talis enim ac tanta est in te excellentia vt audeam hosce patris mei labores, sub vmbra protectionis tuæ in lucem promulgare, certus non solum te hos esse amplexandos, ea qua soles benignitate, verũ etsi oportuerit, ipsos a detractorum calumnijs defendẽdos esse, haud dubitans. Paruum igitur hoc munus tibi sacratum, dicatum accipe ad memoriam debitorum patris, & in signum me tibi omnia debere, meritò non solum beneficiorum à patre acceptorum, cuius cum sin hæres obligationis etiam hæres, verum in me eorundem multiplicitate, quæ in dies magis, atque magis ita augétur, vt beneficiorum acceptorum confusione nesciam pares tibi reddere gratias, quod cum mihi videatur impossibile, animum, qui omnia potest, tibi deuinctissimum offero. Vale.

Venetijs Anno Salutis 1627.

PROSPER ALPINVS
AD LECTOREM.

*Vm per plures annos in quibus Patauÿ & in
Gymnaſio Patauino, & in horto medico ordina-
riè docui ſimplicia medicamëta ipſorumq; vires atq; vſus medicos, ex varÿs locis ab amicis multis cöplures ſtirpes, raras viſuque dignas acceperim præſertimque ex Creta inſula à Hieronimo
Capello, Senatore, & ampliſſimo & optimo viro ſanè, in omni
diſciplinarũ genere adprimè erudito, maximèque in ſtirpium
cognitione exercitato D. D. meo plurimis nominibus colendiſſimo. Cuius profectò mortem (obÿt enim in Creta inſula
Prouiſor Generalis) ego non abſque multis lachrymis ferre
potui, quam, omnes, ſtirpium, qui rariorum exoticarum cognitione oblectantur, ægerrimè ferrent, quod vir quidem nobiliſ-
ſimus humaniſſimusque hic perierit, qui omnibus medicinæ
ſtudioſis, atque ÿs non minus, qui amœnis viridarÿs, rariori-
busque plantis delectātur, ſumma liberalitate ſemper & Biſantio, quo tempore fuit legatus ad Turcarum regem pro Se-
reniſſimo Dominio Veneto, & Creta, innumeras rarioresque
plantas mittebat. Ego enim magnam partem Exoticarũ plantarum, quas hactenus videre habereque potui, tanti Senatoris optimi, patronique mei maximè excolendi, liberalitati, acceptum referre debeo, à quo longè plures accepiſſem, ni mors
eum vita priuaſſet, inter alios, qui eo auctore ac fautore innumeras plantas easque & raras & pulcherrimas in ea Inſula
videre,*

videre, & habere potuit, fuit olim, Ioseph Casabona, Magni
Ducis Etruriæ, horti Pisani Præfectus, virque in simplicium
medicamentoru studio maximè versatus, qui in Cretam Ir-
sulam tanti Senatoris ex munificentia profectus, totam cam
insulam peragratus, innumeras plantas abiens secum in Italiam reportauit, quibus Pisanum hortum mirum in modum
locupletauit atque exornauit, quarum (vt audio) nunc magna pars adhuc supersit, diligentia Reuerendi fratris Fran-
ciscani, Francisci Malochij horti illius præsidis. Ex Aegypto
etiam olim à Reuerendo Presbytero Palmerio Anconitano,
qui à secretis Illustrissimorum Consulum Venetorum, post
meum discessum multos annos Cairi mansit, atque à Dominico à Rege, chirurgo, & pharmacopæo Veneto, & ab alijs multis amicis variarum stirpium semina, à quibus terræ commissis plures plantas vidimus. Ex Gallia vero, & ex Anglia ab
amicis sæpè complura nobilium plãtarum semina accepi, præsertim ab Excellentissimo philosopho atque Medico Ioanne
Moro, olim meo auditori, & amico obseruãdo. Ex Italiæ etiam
multis locis, frequentissimèque Napoli, à perillustri, & in re-
rum Naturalium historia doctissimo viro, Ferrando Imperato, cui plures profectò plantas raras acceptas refero. Verona
verò à doctissimo in simplicium medicamentorum omnium
studio maximè versato, Ioanne Pona, amico plurimùm colen-
do. Sed quid tandem dicam de Illustrissimo viro Patricio
Veneto, Nicolao Contareno, quem postea cognoui, à cuius liberalitate nobilissimarum stirpium exoticarum & semina, &
plãtas ipsas per-quam raras perbellè etiam quasdam delineatas, sæpissimè accipio, quibus hæc mea exoticarum plantarum
historia non parum ornamenti accepit. Habet hortum propè
oppidum Campi Sancti Petri, in quo plantæ & peregrinæ & ex
proximis Alpibus quàm in aliquo alio horto rariores, & pul-

chriores

chriores visuntur, & hoc vnum libens dicam alterum Capellum (cuius nunc meminimus) ipsum in stirpium cognitione euasurum. At quid etiam dicam de nostris ys proximis montibus? præsertimque Tridentinis, Bellunensibus, Feltrensibus, Taruisinis, Bassanensibus, atque de Vicentinis? An non exindè stirpes sæpè accepimus pulcherrimas? dignas profectò, vt in cultioribus hortis summo studio, & custodiantur, & viuant. Itaque cum (vt dixi) ex multis locis, multas exoticas plantas amicorum multorum liberalitate varijs temporibus acceperim, iucundissimum, vtilissimumque, medicinæ studiosis, atque alijs qui rariorum plantarum studio delectantur forè existimaui si hascè omnes in hoc opere scribendo complecterer, atque de ijs accuratius agerem.

Patauij Anno Salutis 1614, Vigesimātertiâ Mensis Martij.

ALPI.

ALPINVS ALPINVS
BENIGNO LECTORI.

Hosce labores, in præsenti solùm in lucem editos be-
nigno vultu accipito, Candide Lector. Prius enim
grauioribus curis implicitus, numquam potui, ad
quandam ordinis perfectionem eosdem perdu-
cere, præterquam, quod & deerant quædam stirpes deli-
neandæ, quas temporis progressù, opportunitate inuenta, propria mea manu delineatas adiunxi, vt opus esset omnibus nu-
meris (ab auctore statutis) absolutum. Nunc interim legas,
eâ vultus hilaritate, quâ animi ardenti promptitudine, auctor
pro tui delectatione, vtilitateque has omnes stirpes descripsit,
& delineandas curauit; Sciens satis eum fecisse, qui fecit, quod
potuit. Valeas.
Venetijs Anno Salutis 1627. Mensis verò Iulij die 6.

INDEX CAPITVM

Quæ in libris Prosperi Alpini de Plantis
Exoticis continentur.

CAPITA LIBRI PRIMI.

De

INDEX

De

INDEX

CAPITA LIBRI SECVNDI.

De

INDEX

FINIS.

De Lauro ſylueſtri Creticâ.

Arbor

PROSPERI ALPINI
DE PLANTIS EXOTICIS
Liber Primus.

De lauro syluestri Creticâ. Cap. I.

Rbor nascitur in montanis Cretæ insulę pumila, fruticosa, ferens virgas oblongas, graciles, nigro Cortice obductas, densis veluti nodulis inæqualiter vtrinque, & in medio positis, infectas, ligno albo, duro, ferèque gustù insipido præditus, vtrinque ramulos producentes breues, virgis planè similes, at graciliores, in quorum cacuminibus spectantur folia Lauri Sylueſtris figura, colore, crassitie, atq; duritie, similia, sed paulò minora, in acutumq; desinentia, pediculis breuibus inhęrentia, numero quinque, aut sex, aut plura etiam simul in ramuloru cymis inordinatim posita, ferè omnino inodora, linguam excalefacientia, cum leui adstrictione. Singuli vero ramuli habent vnũ, aut duos, aut tres breuissimos cauliculos, subtiles, duros, lignosos, tribus, vel quinque pediculis paruissimis, pręditos, singulis fructum rotundũ ferentibus, piperis magnitudine, in tres partes latyridis modo disectum, cortice tenui, ruffo, veſtitum, cuius quælibet pars continet semen albicans, oblongum, magnitudine, & figura tritico valde simile, subſtãtia fragili, non expers odoris grauis, gustù amarescēs, atque linguam excalfaciens. Fructus quilibet, tria ex his seminibus continebat, & fructibus latyridis, figura, & magnitudine non dissimilis erat. Hãc arborem, (quod & virgarum figura, longitudine, gracilitate, coloreque, & folijs, & quadantenus etiam fructibus, cum lauro tino similitudinem haberet) laurum tinum, seu syluestrem, meritò vocandũ, duximus: quod nomen retinebimus, quoad veriùs nobis illuxerit. Nulli vsus ad Medicinam in hac arbore cogniti sunt, fructus tamen & sapore sub-amarescente, linguâque excalfaciente, & ex leui astrictione, erunt calidi atque sicci supra primum excessum, iudicandi, habereque ipsos vim roborandi, detergēdi, atq; meatus ab infarctu liberandi, non erit dubitandum.

Cerafus Idęa.

Nafcitur

De Ceraso Idæa. Cap. I I.

Ascitur in Ida Monte Cretæ insulæ, arbor fruticosa, cuius ramos plures exinde accepimus, quæ habet, virgas graciles, nigras, rotundas, Ligno duro albo, inodoro, linguam subexcalfaciente, in quibus non æqualibus spatijs, exeunt folia oblonga in rotundum inclinantia, nigrescentia, dura, circumcrenata, intus fuluescentia, exterius candicantia, Agrifolij folijs quadantenus, & magnitudine, & figura similia, sed minus dura, aut bina simul, aut trina, aut quaterna suis periolis inhærentia, sursum acta. E quibus pediculi longi, in plures alios quippè in septem, vel in nouem, vel in plures etiam diuisi exeunt, in quorum apicibus flores albi (vt audiuimus) Cerasis similes fiunt, à quibus fructus parui, ob longi, cum maturescunt rubescentes, & siccati nigrescentes, fabæ magnitudine, gustui suaues, (sed siccati duri, lignosique euadunt) singuli singulis pediculis succedunt. In horum verò extremo, veluti vmbilicus cernitur, quadam alba inugine tomentosa obductus. Hi fructus corymborum modo, decem vsque simul suis longis pediculis coniuncti spectantur. Nobis visum est, hanc stirpę, ad Cerasum Theophrasti, nō parum accedere; Inde nos haud iniuria, Cerasum Ideam nominandam duximus, quod in Monte Ida familiarius nascatur. Fortasse erit Agriomelæ Petri Bellonij, quam in Cretæ montibus se offendisse scribit: quamquam à Græcis Codomalos appellari subdidit. Itaque hanc arborem Cerasum Ideam vocauimus Agrifolij folio, & quod Ceraso similis visa sit in multis, & quod in Ida nascatur, & quod folia habeat Agrifolij folio, similia, hoc excepto quoniam sunt Agrifolio minus dura, minusq; aculeata. De istius arboris vsibus, vel etiam ad medendum nihil certi accepimus.

In 1. lib. itin. observ. ca. 17.

Chameçerafus Idea.

Altera

De Chamecerafo Idęa. Cap. III.

Ltera in Idæ Monte arbor nafcitur longè humilior ac fruſticoſior Ceraſo Ideæ proxima, ramis gracilioribus, breuioribus, coloie Ceraſi Ideæ, in quibus eodem modo, quo in Ceraſo, folia exeunt inordinatis interuallis ad rotundum inclinantia, parum in extremis crenata ſimul ſuis petiolis, aut terna, aut quaterna, aut quina adhærentia, ſurſum acta, Ideæ ceraſi folijs minora, ſubtiliora, minus dura, non ita crenata, neq. intus ita fulua, & exteriùs non ita albicantia. Cum ipſis ſimul exeunt frequentes pediculi ſubtiles, in plures alios diuiſi, flores ferè racematim in cacuminibus habentes, quibus fructus Ideæ Ceraſi fructibus ſimiles, parui, rotundi, rubri in nigrum inclinantes, in extremo quidquiam tomentoſi albi habentes, minores tamen, mirti fructibus, & magnitudine, & figura proximi, ex ijs non dubitauimus hanc quoq. ſtirpem Chameceraſum Idea nominare, quod priori ſimilis ſit, & quod in Idæ Monte & ipſa proueniat. Fructuſq. maturi vt Ceraſa à paſtoribus eduntur. Hæc fortaſsè planta erit Myrtomelis à Geſnero vocata, atque vitis Idea, quam C. Cluſius pro viti Idea tertia in 1. libro rariorum plantarum, propoſuit. At nullis notis ad vitem Idéam, quam expreſſit Theopraſtus, accedere videtur. Ramos complures accepimus ab amico ex Creta, qui ſcripſit eſſe paruam, pumilamuè arborem, Ceraſo ſimilem in Monte Idéo naſcentem, fructuſq. eſſe eſculentos, & ijs paſtores libentiùs veſci. De vſibus verò ad medicinam nihil nos deprehendimus.

Cap.40.

In lib. 3. de hiſt. plant. ca. 17.

Adrachni,

Adrachni, feu Portulaca Theophrafti.

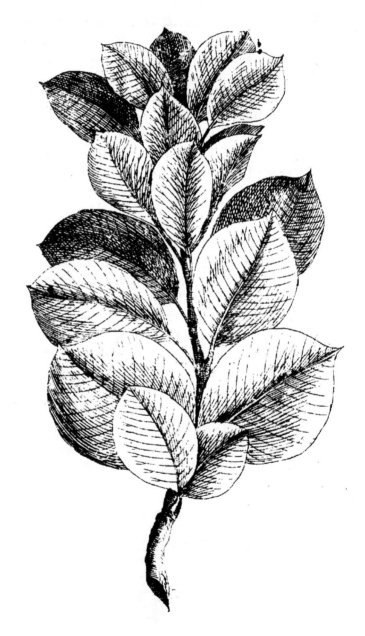

Pro por-

De Adrachni, siue Portulaca Theophrasti.
Cap. IV.

PRo portulaca arbore ramus ad me missus est sine
floribus atq; sine fructibus, folijs densis, circumquaque stipatis, oblongis, extremis in acutum
desinentibus, perpetuò virentibus quorum supe-
riù folia in germine posita arbuto similia sunt, licet latiora,
inferiùs verò idnata longe latiora apparent, vnde in rotunditatem etiam vertuntur, hæc interna parte nigrescunt, externa albicant, carnosa sunt, & dura, duris longisq; & crassis pediculis inhærentia sursum acta non serrata. Ramus verò hisce folijs præditus ac vndique stipatus cubito longus est, digiti minoris crassitie, cuius cortex cum læuore rubet, ac splen-
det, perinde ac coralij, quasi ramus esse videatur, perpetuaq.
fronde est. Lignum verò colore albicat, durum, alicuius cō-
loris obscurissimi non expers, & obscurè subcalefaciens linguam. Non dubito arborem esse Adracham, siue Portu-
lacam Theophrasti (quam arborem Petrus Bellonius in Syria offendit) præsertimque cum folia sint arbuto, similia,
audierimq. ferre fructum arbuti. Carolus Clusius in 1. libro Cap. 31.
rariorum plantarū historiæ ex Honorio Bello expressit iconem habentem etiam fructus arbuto similes, at non potui
non mirari in ea imagine ramum fructus habentem, & folijs nimis rarum videri, & folia etiam aliqu in unum arbuti folio dissimilia, quæ fortasse in ramis fructus habētibus, ita mutari oportebit. De Adrachni Plinius scribit, habere folia arbuti, atq. fructum, vnde hic noster ramus poterit esse Adra-
chnis, siue Portulaca.

Acer Cretica:

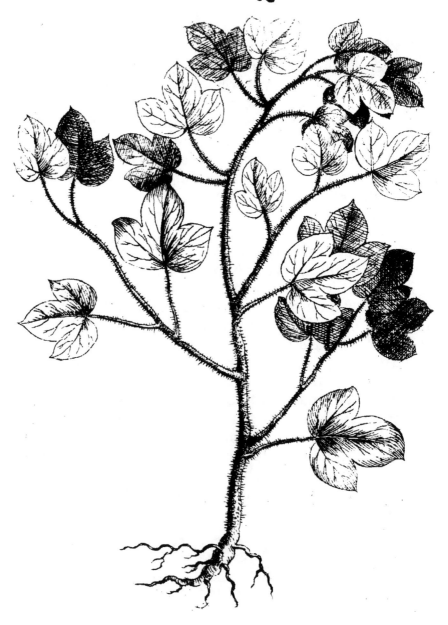

Plantam

De Acere Cretica. Cap. V.

Lantam accepi cubitalem, quæ folia habebat hederæ helicis tenuia mollia, dilutè virefcentia pediculis, longis, fubtilibus, inhærentia, quæ in cymis caulium vtrinq. à breui caudice craſſo, rotundo, viridi colore rubefcente ad ſummum numero quatuor fpeċtatur ſimul ferè copulata. Internum vnicum folium cum ſuo longo pediculo viſitur, aliquando geminum ſimul, geminis pediculis aliquando tria, atq. ad ſummum, vt diċtum eſt quatuor. Caudex ramiq. omnes pilis albis infeċti ſunt. Radice nititur breui, tenui, & tota planta cum caudicibus, & ramis molli ſubſtantia conſtat, totaq. inodora atq. inſipida viſa eſt: eam ſine floribus & fruċtibus accepimus, nihilominus, vt coniecimus, hæc arbor ad acerem accedere videtur, atq. ad eā præſertim, quam Dalecampius Monſpelienſem appellauit, de qua ita habet: Acer Monſpelienſe, arbor eſt mediocriter procera, ramis ſatis explicatis, cortice quodam modo purpuraſcēte, folio aceri vulgari, ſimili, in tres tantum cuſpides ſiue angulos diuiſo, craſſo, venoſo, ex longo pediculo pendente paribus interuallis vtrinque ſito fruċtu gemino, membranulis duabus cohærentibus, alis muſcarum ſimilibus, procul dubio crediderim deſcriptam à nobis hanc arborem ad acer Monſpelienſe accedere. At eſſe ex recenter naċtis. Hoc vnum eſt, hanc naſci in Montanis illiuſce Inſulæ, quàm etiam citra nomen amicus ad nós miſerat. Nullum vſum habere ad medicinam deprehendi. Tota planta præter modicam aſtriċtionem ferè ex toto inſipida eſt, atq. inodora.

In lib. I. hiſt. omnium pl. ant. c. 18.

Acacia

Acacia.fecunda.

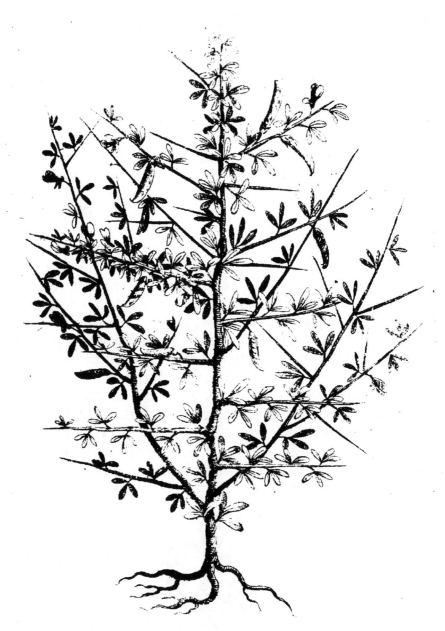

Nafcitur

De Acacia secunda. Cap. V I.

Afcitur in Creta Infula, in Zacyntho, atque in aliis locis Orientis, plāta, quæ, Acaciam fecundam Dioſcoridis, nullis reclamantibus notis, refert. Eſt enim hæc, frutex arborefcens, tricubitalis, & amplior, caule recto, longo, non mul tum craſſo, cortice læui, viridis coloris faturati, fpinis multis, vt in aſpalatho fecundo, fed rarioribus, vtrinque armato. Etenim fpinæ ex caudice longæ, duræ rectæ procedunt, ruræ foliis ternis fimul pofitis contectæ; ramuli verò ex caudice furfum feruntur, cum foliis, floribus, & paruis filiquis, femina parua, rotunda, lata, dura, flauefcentia, continentibus geniftæ fimilibus. Radix radici aſpalathi fimilis exiſtit. Etſi hæc planta in multis, cum Aſpalatho fecundo conuenire videatur, tamen ab ipfo, fpecie, diſtinguitur. Namq. Aſpalathus fpinis horret denfioribus, durioribus, albicantibus nudis foliis, Acacia vero fpinas habet rariores, foliis veſtitas, Rurfus in aſpalatho folia, flores, & filiquæ, acaciæ fecundæ folijs, floribus, atq. filiquis fimiles cernuntur, quæ tamen omnia in acacia longè maiora apparent, totaq. planta ligno conſtat molliori, & magis fragili, quam in aſpalatho, cum eius lignū durum fit, neutiquamq. fragile. Folia, & filiquæ acaciæ refrigerant, ſiccant, cum non læui adſtrictione, quibus eofdem vfus in medicina habuit, quos de prima acacia Dioſcorides expreſſit, ſcilicet ad repellendum atq. ad cohibendum, quodcūque profluuium, vel fanguinis, vel excrementorum fit, funt tamen acacia prima longe inefficaciora. Itaque ad fluxum fanguinis ex naribus firmandū, fuccus foliorum, & filiquarū viridium fronti, & temporibus adhibitus, vel intra nares inditus, maximè valet, & ad fputum fanguinis, & ad dyfenteriam, ad menfiumq. abundantiam cohibendam, vel per os, aſſumptus, vel clyſteribus, & peſſariis in pudendum inditis.

Aſpalathus ſecundus.

Nosalias

De Aſpalatho ſecundo. Cap. VII.

NOs aliàs vidimus in loco propè Cretam ciuitatem Fraſchia vocato, penes portum, complures aſpalathi ſecūdi ſtirpes, ſponte natas, bicubitales, quæ ramis, nō vt in fruſticibus, ſed vt in arboribus lignoſis duris, denſis, ſpinis albis, duris, crebris, dēſiſuè armatis, cōſtabant, lignū eſt album duriſſimum, & in medio nigreſcit, odoris dum recens, expers. Flores fert luteos geniſtæ ſimiles, ſed minores, ſuauiter eminus olentes. Etenim eminus flante vento odoris fragrantia ſentitur, floribus ſuccedunt exiguæ ſiliquæ, geniſtæ vulgaris haud diſſimiles, at longè minores, in quibus tria quatuoruè ſemina parua, acaciæ proxima ſed multò minora, folia verò paruiſſima terna ſimul vni loco in ramis adhærentia: Hæc planta nititur radice craſſa, longa, brachiata, dura, dum recens eſt, quippè quoad ſiccatur minimè ſuauiter olens, etſi vel etiam ſiccata obſcurum ſuffito odorem reſpiret, ſapore inſipida. De hac planta Dioſcorides ita habet: Aſpalathus frutex eſt ſurculoſus, multis ſpinis horrens. Optimus eſt grauis, detraſto cortice rubeſcens, aut in purpuram vergens, odoratus, guſtatù amarus, eſt & alterum genus candidum lignoſum ſine odore quod deterius habetur: Quibus non videtur dubitandum aſpalathi à nobis deſcriptam plantam eſſe ſecundum aſpalathum Dioſcoridis. Ex ſeminibus è Creta delatis hæc planta nata eſt, quæ in locis calidis per hyemem à frigore cuſtodita, multos annos vixit, qualem nos olim apud Horatium Bembum ſtirpium rariorum egregiè ſtudioſum & eruditum Patauij in horto eiuſdem, vidiſſe meminimus. Iſtius plantæ, lignū maximèq. radicis modicè calidum eſt, quod ex læuiſſimo ipſius amarore coniicitur, ſiccum verò ſupra primum exceſſum, cum læui adſtriſtione. Quibus præcipuus vſus erit ad partes corporis roborandas, atq. ad fluxiones cohibendas. Quod præſtabit puluis ad drachmam ex vino auſtero epotus, vel decoſtum per os aſſumptum, Ad vlcera quoq. oris, & partium genitalium ſiccanda, puluis inſperſus efficaciter præſtabit.

In 1. de mat. me. cap. 23.

Echi-

Echinopodá.

Echino

De Echinopoda. Cap. VIII.

Chinopoda Grecis vocata planta frutex est, spinosus, cubitalis, & amplior, multis surculis ab vna radice proficiscentibus, refertus; duris & lignosis; co
lore flauescentibus, & siccatis albicantibus, folijs
planè carens perpetuò tempore, spinas multas longas virgæ
habent, seu ramulos spinarum instar, & figuræ, qui quoad
planta viuit non duri sunt, ea vero mortua, iidem surculi in-
durantur, & acutæ duræq. spinæ euadunt, quæ æqualibus ferè spaciis trinæ in ordine in ramis simul apparent, plures acutos triangulos, facientes. Planta tota siccata albicat, lignosa,
dura, quadantenus aspalatho secundo similis, at eius spinæ
sunt multò plures, longiores sursum ferè ex toto actæ, Flores
fert paruulos luteos, aspalathi flores æmulantes, sed tamen
minores, quibus succedunt techæ paruulæ, figura, triangulæ,
quam exigua semina continentes. Mirum est Honorium Bel
lum Vicentinum, virum alioquin eruditum, scripsisse ad Ca-
rolum Clusium, vti ex ipsius epistolis ad ipsum scriptis constat; hanc plantam flores ferre copiosissimos, cum eam pau-
cissimos producere singulis annis viderimus, in aliquibus
plantis quæ mihi multos annos vixerunt. Neque Petrus Bellonius qui hanc plantam aspalatho secundo quadantenùs similem fecerit videtur reprehendendus, cum ipsa & spinis, &
floribus, & siliquis atq. toto frutice, ac ligno ab eo aspalatho
non videatur dissimilis. Aliqui existimarunt ipsam quod foliis careat, & floribus, & siliquis ad spartium Dioscoridis accedere, eòq. magis, quoniam viuens, eius surculi sint tractabi-
les. Quod an sit verum nollo in præsentia deliberare, alijs lu-
bens iudicium remittens. Nascitur hæc planta in Creta insula, non in montanis, quia frigora non patitur: Vnde apud
nos ex seminibus orta hyeme, ni in calidis locis à frigore tueæ-
tur, exarescit. Lignum aliquantulum amarescit non abique
odore etiam grato, quibus, hominibus amicam esse, coniicitur, viribus atq. vsibus ad medicinam ab aspalatho secundo
non differens.

Colu-

Colutea Scorpioïde odorata.

Pulche. r

De Colutea Scorpioide odorata. Cap. IX.

PVlcherrimus frutex,nafcitur /& hic in Creta Infula totus argenteo colore, qui crefcit cubitali altitudine, & ampliori,folia fert,flores,atq. filiquas vulgaris Coluteæ Scorpioidis , fed in hoc differunt quod foliola in extremo latiora funt, pediculufque vndecim foliis conftat, quippè quinque vtrinq. atq. vno in pediculi extremo,quæ in extremo funt latiora,& coloris quidem argentei: Flores verò etfi colore & figura, fimiles videantur floribus Coluteæ vulgaris ; nihilominus differunt, quia creticæ, odorati funt,atq.illius fætent,filiquæ verò & albæ,& minores ûst. Nonnulli filiquis fiue melius tribuunt facultatem purgatoriam, prefertimq. v omitoriam. De qua facultate quicquã certinon habeo. Vere ineunte hæc planta flores fert, & toto menfe Maio filiquę maturefcunt.Stirps eft frigoris impatiẽs vnde egerrimè hyeme viuit in Italia, nifi fumma cura cuftodiatur in locis calidis.Flores funt odorati,digerentes cum lęui adftrictione, vnde non errarent qui meliloti loco iis ad medicinę vfum vterentur. Hanc plantam fępè nobis ex feminibus è Creta delatis natam habuimus, & multos annos cuftodiuimus, quæ & floruit, & probè filiquas produxit, quæ etiã perfectè maturuerunt , itaut femina perfectiffima fierent.

Linum Arboreum .

Ramum

De Lino Arboreo. Cap. X.

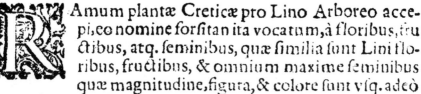

Amum plantæ Creticæ pro Lino Arboreo accepi,eo nomine forfitan ita vocatum,à floribus,fru
ctibus, atq. feminibus, quæ fimilia funt Lini floribus, fructibus, & omnium maxime feminibus
quæ magnitudine,figura, & colore funt vſq. adeò
feminibus Lini fimilia, vt vix diſcernantur ab ipſis. Planta
eſt arboreſcens, conſtans ramis obliquè actis,gracilibus, rotundis,cortice nigris,foliis Lini, ſed latioribus,vt ad myrti folia magis accedant,denſis,vndiq.ramos,contegentibus. In cacumine producuntur flores,& fructus ſuis pediculis adhærē-
tes colore flauo, ſaporeq. valdè amaro. Fructus verò magnitudine cicerum viſuntur,atq. quadantenus etiam figura,vel
melius Lini fructibus; horum ſingulus continet quatuor ſemina,Lini feminibus,omnino ſimilia. Quicquam,de viribus
atq. vſibus ad medicinam mihi cognitum non eſt.

Lycium Creticum.

Tametſi

De Lycio Cretico. Cap. XI.

Ametfi, in libro de Plantis Aegipti duas ftirpes pro lycio meminerimus, quippè arbores Vzeg, & Ahialid Arabibus vocatas; nihilominus, nifi mea me fallit opinio, hifce annis proximis mihi aliam lycij plantam ex Creta miffam, à vero antiquorum lycio non abhorrentem, in montanis illiufce Infulæ prouenientem, videre licuit. Hæc arbor parua eft hominis altitudine fupra terram elata, fpinis horrens, foliis buxi, anguftioribus tamen, quaternis, aut quinis fimul ramorum partibus eminentioribus, citra pediculos, inhærentibus: igitur caudex habet vtrinque ramos multos, graciles, rotundos, ferè rectos, duros, lignofos, habentes quafdam inæqualitates in ipforum rectitudine, quippè qui habeant breui interuallo, partes quafdam eminentiores, à quibus fingulis, tres fpinæ acutæ, nigræ, duræ, fimul cum foliis buxeis, fed tenuioribus exeunt, in quibus flores duo, vel tres à fuis pediculis penden̄t, à quibus deflorefcentibus fuccedunt vna, duæ, vel ad fummum tres baccę, ob longæ, nigrefcentes, piperis magnitudine, & rotunditate, fapore ftiptico, primò fubdulci, poft amarefcente. Radices non vidimus, verum fi ex iis, vt antiquitus fieri confueuit, fuccus eliciatur, lycium vocatus, tantoperè ad medicinæ vfum commendatus, planè ignoro. De eo fucco, nos in libro de plātis Aegypti fcripfimus capite de Vzeg, Quod pertinet ad iftius plantæ facultates, atq. ad vfus medicos procul dubio habebit & hæc planta eafdem, & vires, & vfus, quos antiqui de lycio tradiderunt, cum præfertim, & hæc ftirps notas veri lycii habeat, & folia, & fructus cum adftrictione amarefcant, primo enim guftui fubdulces apparent, & mox leui ea dulcedine citò refoluta, amari effe fentiuntur, quæ amaritudo in ipfis remanet modica. Ipforum effentia mixta eft, ex fubftantia tenui, calida, amara, qua calfacit, ficcat, detergit, ex terrea frigida, & ficca, qua adftringit, refrigerat, ficcat, roborat, meatus claudit: Hinc fit, quod in actiuis qualitatibus mixtione calidæ, & frigidæ ipfius fubftantiæ, redduntur, temperati, ficcāt verò fupra fecundum exceffum

cum

cum adſtrictione, vnde mirum non eſt, ſi vlceribus, oris, la-
biorum, aurium, aui, & ſimilium partium medeantur, ſi ca-
liginem ab oculis amaritudine detergant, atq. etiam Cæliac-
cis, diſentericis, cruentiſq. reiectionibus, ſæminarumq. pro-
fluuijs opem ferant, cum per os aſſumpti, tum intus inditi.
Hæc omnia, ſuccus, qui & ex foliis, & ex fructibus, vel ex radicibus, vt voluit Dioſcorides, parabitur, præſtabit. Quomodo
verò ſit is parandus, Dioſcorides, & alii probè nobis tradiderunt. Lycium à lycia prouinciâ, abundantiùs hanc ſtirpem
producente, dictum eſt, atq. vt ait Dioſcorides Pyxacantha à
folijs buxeis, itidem appellatum fuit.

Spartium Creticum.

Planta

De Spartio Cretico . Cap. XII.

Lanta ex ijſdem natalibus ad me delata eſt procera, denſiſſimè fruticans, bicubitalis, & amplioris altitudinis, ſurculoſa, quippè ramulis à craſſis veluti caudicibus rotundis, viridibus, denſè maculis paruis albis punctorum alborū modo, infectis, naſcentibus longis, ſubtilibus, ſurſum recte actis, flexilibus, rotundis, cortice viridi prædita, Hi deorſum ramulos multos habent vtrinq. inæqualibus interuallis inordinatim poſitos, & in medio, ramis, folijſq. nudi ſunt & poſtea ſurſum in cymis denſè ramificant. Folia habet aſpalathi, ſeu acaciæ ſecundæ, & flores, & ſiliquas. Nomine ſpartij ad me
In lib.2.
purg.c.29 hæc planta miſſa eſt. An verò ſpartium ſit Dioſcoridis non auderem affirmare, quando eius ſpartium, ſeu geniſta nõ habeat folia, & hæc noſtra geniſta ijs ſcateat vndiq. in virgis à ramis prouenientibus, etſi virgæ circa medium nudæ ſint, neq. virgæ etſi recte, flexiles videantur, aptæ videntur ad vites vinciendas, Nihilominus, & ſi hæc noſtra planta non erit Spartiū Dioſcoridis erit ſaltem, vel notis accedet ad Spartium quod Meſues ita deſcripſit. Spartium geniſta latinis arbor eſt montana, cuius ramuli deſinunt in virgas multas, rectas, flexiles, fractù contumaces, quibus vites, & alia ligantur. Flores habet flauos lunata figura, ſiliquas phaſiolis ſimiles, & ſemina in his lenti ſimilia, interuallis diſtincta, quibus liquidò conſtabit hanc noſtram plantam non nihil ad ſpartium deſcriptum à Meſue accedere. Neque hæc ſtirps hactenus ab aliquo cognita fuiſſe videtur, niſi quis dixerit eam eſſe quam vulgus ge-
In lib.2.
cap.22. niſtam aculeatam appellat, quæ expreſſa eſt in hiſtoria generali plantarum. Negari non poteſt hanc plantam in multis cum noſtro Spartio conuenire, quippè in ramis virgiſq. iunceis, in folijs (& ſi non perpetuò in omni exortu, terna, ſed etiã quaterna multis in locis cernantur) in floribus, & ſiliquis paruis, compreſſis, & latis, & in ſemine lenticulæ ſimili, Nihilominus toto (vt aiunt) cælo, noſtrum Spartium differt; primo noſtrum Spartium habet ramos, cortice egregiè viridi, punctis

ctis, crebris albis, toto emaculato. Ab his ramis virgæ quæ lõ-
gæ, iunctæ, subtiles, flexiles, in altumq. rectè actæ procedunt,
id proprij habent, vt in primò ferè exortù, circumquaque
alias virgas paruas complures promant, folijs, floribus, & filiquis paruis, latisq. refertas, & circa medium virgarum magno interuallo, nudæ apparent, neq. ramulos, neq. folia, neq.
flores, neq. aliud quicquam habentes, circa apicem verò rur
sus, multos surculos, circumquaq. folijs, floribusq. suo tempore, vel siliquis præditos, producentes, qui ordo in singulis
virgis à ramis exeuntibus, perpetuò obseruatur, quod nullã
aliam plantam facere vidimus, semina etiam genistæ aculeatę
scribunt esse nigrescentia, cum nostri spartii colore subruffo,
spectentur. Quid amplius? cum scribant totam plantam illui-
sce genistæ aculeatæ sambuci modo fœtere, atq. gustui ama-
ritudinem inducere. Nostrum vero spartium neq. fœtet, neque amarum est, quin immò subdulcescit cum insipiditate.
Quibus certi reddimur, nostrum Spartium nõ esse genistam
aculeatam, sed nouam plantam, hâctenus omnibus ignotam.
Flores, & semina vitiæ saporem habent ex quo in actiuis, &
passiuis qualitatibus videtur temperata nihilominus affirmant, & tenera germina, & flores, & semina valenter purgare pituitam, & serosos humores, & per ventrem, & per vomi-
tum, quod & si ex qualitatibus manifestis eam facultatem
habere nequeat, id ex occulta facultate à tota (vt aiunt) sub-
stantia proficiscente habebit.

Spartium Spinosum

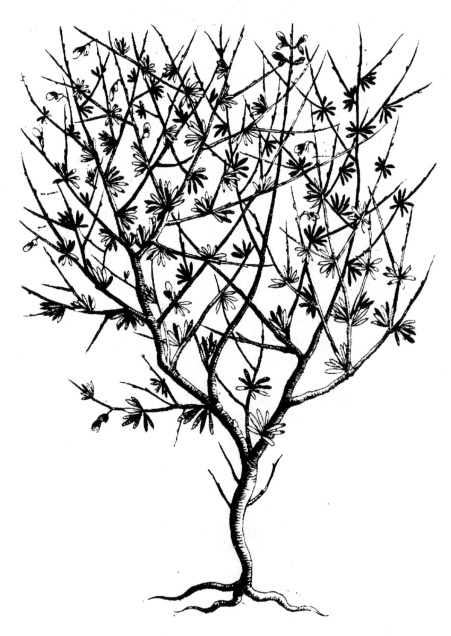

Eſt &

De Spartio spinoso. Cap. *XIII.*

ST & alia planta in Creta nascens Spartio prædicto similis, quę ramos multos nigros habet, à quibus virgæ exeunt, iunceæ subtiles, nigrescentes, habētes in exortù surculorum, folia, in eodem exortù quina parua tenuia, & ferentes flores plures luteos, paruos, Spartii Cretici similes, à quibus siliquæ paruæ non dissimiles succedunt. Virgæ omnes in cacumine desinūt in spinas, non tamen multum duras, hisque veluti triangulos facientes. Hæc planta veluti eiusdem saporis, & odoris est cum Spartio, ita eiusdem vires habere, credendum est.

Spartium

Spartium Spinosum alterum.

Proxime

De Altero Spartio spinoso. Cap. XIV.

Roximo.Spartio spinoso, planta similis ad me missa est, pro thymbra spinosa, quæ tantum abest, vt thymbra, sit, quod ab ea potius in omnibus, præcipuisq. notis, toto coelo differens videatur, tymbræ enim, seu saturegiæ proprium est, vt acutum, suauemq. odorem respiret thymo similem, atq. thymi quoq. saporem acrem habeat. Quibus duobus, cum nostra planta omnino careat, cum & insipida sit, & prorsus inodora. Nihilq. mea sententia erit aliud, quam spartii spinosi altera species: siquidem frutex, & ipsa est, Spartio non dissimilis, ramos habens crassos, rotundos, non leues, sed asperos, à quibus virgæ sursum rectè feruntur, in spinas acutas desinentes, triangulos veluti multos facientes. Folia duplici ordine in hac planta visuntur, primum ad exortum surculorum, ex ramis spartii similia, sed tenuiora, ex vno exortu, aut trina, aut quatuor, aut quina : secundo ordine in virgis rectis vtrinq. crebra visuntur, tragacanthæ modo vsq. ad apicem ferè virgularum, surculorum uè, itant à foliis surculorum, spinæ supersint duræ, subtiles, admodum acutæ, omnesq. surculi in huiusmodi spinas desinût, folia verò vtrinq. in surculis posita, sunt oblonga, parua, extrema acuminata habentia, Sparrii spinosi alteriùs foliis planè similia, aliquantulum maiora tamen. Hæc planta radice nititur longa, crassa, lignosa in subtilitatem terminante, in duas, vel tres radices diuisa. Ab eiusq. duobus locis quodam interuallo visuntur, radiculæ, fibrosæ, subtiles, ab eodem exortu simul plures. Tota planta, & citrà odorem, & citrà saporem obseruatur. Vnde fortè eiusdem qualitatis, cum altero Spartio spinoso esse, iudicandum videtur.

Cyanus

Cyanus Arborefcens Longifolia.

Pulcher-

De Cyano arborescente longifolio. Cap. XV.

VLcherrimus frutex in Cretæ môtanis nascitur cubitalis altitudinis, & amplioris. Caudice scabro, duro, lignoso, inæquali, aspero, digiti pollicis crassitie, rosmarini coronarii caudici valdè simili, à quo quidem circumquaq. ramulorum duorum in eius cortice affixo, quędam fragmenta, seu frustula caudiciaffixa, quę caudicem adhuc magis scabriorem reddunt. Vnicus hic caudex crassus superius scinditur in tres, quatuoruè ramos, digiti crassitie, nigros, scabros, inæqualis crassitiei, & figuræ, nigros, ramulorum frustulos, crebro, vndiq. spinarum quasi modo affixos. Quilibet verò horum ramorum quatuor in apice alios ramulos producit subtiliores eodem modo scabros, nigros, inæqualesq; quorum singuli itidem promunt surculos rotundos plures, scilicet tres, quatuor, vel quinque graciles, palmum longos, tomentosos, albicantes, crebris foliis, albis, tomentosis, longis, magnitudine figuraq. ad salicis tenuia folia accedentibus, vndiq. circundatis stipatisq. in quorum surculorum cacumine producunt tres, vel quinque, vel septem flores cyani floribus similes, purpurascentes in suis calycibus paruis, cyani itidem proximis, à quibus succedunt papi qui in aerem euolant, inter eam paposam mollemq. substantiam continentur semina parua, cyani quam similia, sed minora, & longiora. Hæc est arbuscula fruticosa, vsque ad florum foliorumq. surculos aspectù ferè horrida, nigra, crassitie ramorum iuæquali, frustulisq. ramulorum siccorum, spinarum instar armata, & scabra. Ab ea parte vero ex qua surculi foliosi, flores (vt dictum est) in suis cymis producentes, prosiliunt, tota est argentea, floribusq; cyani purpurascentibus iucundissimi aspectus. Surculi albi, folia, atq. flores, fructusq. gustum insigni amaritudine afficiunt, cum aliquali adstrictione. Vnde merito quod ea qualitate amara humores crassos extenuet, adprimè detergit, & n eatus ab ir farctù liberet, vtilissima est ad obstructos, ad ictericos, ad vrinã suppressam, atq. ad menses itidem interceptos, mouendos. Vlceribus sordidis medetur, atq. ad vermes necãdos maximè valēs.

Cyanus

Cyanus Arborefcens alter , Styracisfolio.

Sequitur,

De Cyano altero arborescente, styracis folio.
Cap. XVI.

Equitur, post cyanum arborescentem longifoliam,
altera cyani planta, quam exinde ab amico, nomine cyani styracis folio, accepimus. Vereq. folia styracis æmulari, & magnitudine, figura, ex candido
colore videntur, & flores cyani floribus similes sunt. Hæc
planta cubitalis & bicubitalis est, in orbemq. diffunditur, perpetuò virens, caudicem habens crassum, vt digitus pollex, rotundum inæqualem scabrum, palmum altum à quo exeunt
rami quatuor vel quinq. vel plures, rotundi, subtiles semi palmum longi, è quibus germina multa exeunt, quatuor aut
quinq. folijs ab eodem exortú simul exeuntia, magnitudine
atq. figura styracis folio quam similia, interius nigrescentia,
atq. exterius cum tomento quodã albicantia, interquæ germina, exit surculus (vel plures) rotundus, gracilis, palmum ferè longus, aliquot folijs paruis raris inæqualiter positus, & in
cacumine est veluti corymbus, florum multorum cyani vulgaris magnitudine, atq. figura similium, ab vno exortù simul
exeuntium, colore phœniceo, calice verò longiori, quàm cyani, squamato, colore albo, in fuluum inclinante, à floribus
deflorescentibus remanent pappi veluti ex materia sericea,
villosa alba, intra quam continentur semina parua, longa, tenuia, colore albicantia. Flores autem inodori sunt. Tota
planta, & inodora, & insipida est, nulliq. vsus ad medicinam
hactenus cogniti cuiquam fuerunt. Elegantissima dum floret, visuiq. iucundissima apparet, perpetuò virens, argenteoq.
colore. Prouenit in altissimis præcipitijs, inter saxorum rimas.
Mihi sæpius hæc planta ex seminibus nata est, plurimumque
& per bellè aucta, quæ tamen numquam ad hyemem curâ
peruenit.

Scabiofa arborea.

Non

De Scabiosa arborea. Cap. XVII.

On minoris pulchritudinis, & elegantiæ planta
est, quam pro Scabiosa arborescente accepi. Hæc
caudice nititur crasso, palmū alto, albicante, à parua radice, diuisâ, in tenues radices longas, hinc
inde obliquè pér terram actas. A Caudice mul-
ti caules exeunt, longi, sursum obliquè acti, graciles, in quibus
debitis spatijs folia multa, magnitudine, & figura, aizoo Cretico arborescenti similia, ab eodem exottū simul exeuntia, numero aut quinque, aut sex, aut, septem, vel octo, vel denique
nouem, tota incana, albicantia, & in caulium sumitate flores
ampli, carnei coloris albicantis, magnitudine & figura vulgaris scabiosæ, aut vni, aut, bini, aut, trini, è singulo caule, suis lōgis veluti pediculis, in quos caulis diuiditur, pendentes. Flores, inquam, paruuli sunt, densè in capite rotundo, cerasi magnitudine, stipati, in quibus semen paruum, rotundumq. cō-
tinetur, quod satum in Patauino solo, difficulter nascitur, atque multò difficilius, & non nisi curâ diligenti, nata planta
conseruatur. Hanc plantam olim Pisis ex horto medicinali accepi à reuerendo fratre, Francisco Malochio, Franciscano, il-
liuscè horti præsidi, quæ tamen cum multùm in itinere passa
fuerit, breui interijt. Hæc stirps tota incana, & alba est, pulcherrimi aspectus, & crescit ad bicubitalem, & ampliorem
etiam altitudinem. Inodora est, floresq. præsertim, sapore verò subamarescente cum læui adstrictione gustum afficit, ex
quo ipsam esse facultatis detersoriæ, & aperientis constat, ca-
lidamq. & siccam primo excessù, vnde ad vlcera conglutinā-
da, atque in ipsis ad carnem deperditam regenerandam vtilis erit.

Leucoium Spinosum.

Pulcher-

De Leucoio spinoso Cruciato. *Cap.* *XVIII.*

PVlcherrimam elegantissimamq. plantã, pro Verbasco spinoso accepimus, quæ frutex est cubitalis,
tota albicans, paucis folijs paruis candidis, oblongis in extremo acuminatis, & vtrinq. serratis simi
libus erucæ peregrinæ folijs, quod alii Leucoium Patauinum
vocant, sed longè minoribus, & candidioribus, circum ramos
in parte eminentiori positis. Surculi vero omnes, spinis multis
paruis, vtrinq. ordinatim positis scatent, faciétibus veluti cruces innumeras in surculorum extremitatibus, à quibus nos
hanc plantã, leucoium spinosum cruciatum nominauimus,
Flores fert in surculorũ cymis luteos leucoij similes, à quibus succedit folliculus ferè rotundus piperis magnitudine
continens semina nigra, minutissima, blactariæ similia. Nihil
.n. habet, quod cũ verbasco conueniat, neq. in planta, neq. in
facultatibus, neque .n. folia respondent, seu conueniunt cum
alicuius verbasci folijs, neq. caules, neq. flores, neq. fructus,
multominus nihil adstrictoriæ facultatis habet, quæ verbasci
propria videtur. Hæc .n. planta sapore subdulci prædita est, ad
insipidum inclinante, cum læuissima adstrictione vnde ad fri
gidum siccum ipsius facultas inclinare videtur. Ad Leucoiũ
vero, & foliis, & floribus luteis paruis potius accedere nobis
visa est, quo verò nomine Græci eam vocent, haud intellige-
re hactenus potuimus, neq. multò minus, quæ plãta sit. Hoc
vnum credidimus, hanc omnino antiquis ignotã fuisse. Nos
itaq. à quadam similitudine quam foliis, & floribus cum leu
coijs habet, eam leucoium spinosum cruciatũ, ab innume-
ris crucibus, quas spinæ in cauliculis efficere videntur. Credi- In lib. 3.
di sæpe hinc esse plantam quam Carolus Clusius, à Iacobo obser. c. 7
Plateũ iconẽ accepit, eamq. & ipse leucoium spinosum vocauit. Hæc solummodo à nostra planta differens esse videtur,
quod nimis ramis rara esse apparet, neq. eas cruces innumeras spinis facit, quod fortasse in ea non obseruatur, quoniam
tenella planta atq. non annosa extitit. Hanc plantam esse quã
Galastimida Cretenses vocant, qua ad ignis vsum vti familiarius solent, & ad fornaces inurendas.

Caryo-

Caryophylus Syluestris arboreus.

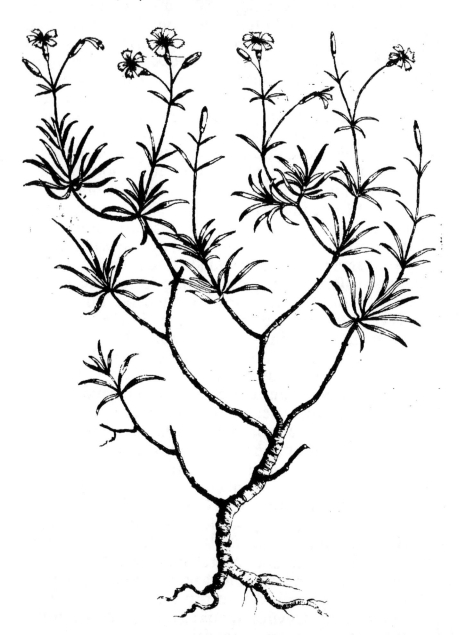

Caryophilus

De Caryophylo arboreo fyluestri. Cap. XIX.

CAryophyllus fylueftris quinquefolius nafcitur in montibus Cretæ Infulæ bicubitalis, & amplioris altitudinis, caudice duro, longo, digiti craffitie, colore albicante, densè geniculato, à quo rami multi procedunt, obliquè furfum acti, densè geniculati in alios binos, vel trinos cauliculos, in quibus multa germina innumeris folijs longis, tenuibus, fyluestris caryophyli fimilibus, ex eodem ortu nafcentibus referta, apparent, inter quæ exeunt cauliculi tenues, flores, caryophyllos paruos, odoratos, purpurafcentes in album, quinque folijs conftantes, odoratos, habentes.

Cafia

Casia Latinorum

Quid sit

De Cassia latinorum. Cap. XX.

Vid sit plāta, cuius imaginem accuratè delineatam subiciemus, nisi ad Casias latinorū, quas Cneori nomine Græci fortasse intellexerunt, accedere dixerimus, plane ignorare fatemur. Elegantissimus tamen frutex est, cuius rami & frondes digni æstimantur, vt ad Coronarū vsum recipiantur. Habet radicem crassam longam in duas scissam, asperam, inæqualem, nigro cortice, ligno albo, duro, quod dentibus tritum nihil odoris respirat, ac ferè primum saporis etiam expers videtur, sed postea linguam acutè excalfacit, cum leui adstrictione. A radice rami multi, crassi, & graciles, rotundi, nigri, tortuosè exeunt, obliquèq. sursum aguntur, atq. ità simul stipati, scopæ modò, densam totam plantā reddunt, qui rami, etsi in plures alios subtiles diuidantur, atq. ab ipsis alii complures surculi exeant, tamen omnes nudi folijs existunt, totaq. planta hæc, maximèq. antiquata, ferè semicubiti vsq. ad altitudinem à terra ascendens, ex toto nuda folijs conspicitur, proindeq. ramorum densitate, atq. nigrore horridum prospectum efficit; supra quam ramorum altitudinem, sequuntur surculi hinc indè ab ijs ramulis prosilientes, semi-palmum longi, sursum acti, scoparum modo simul stipati, foliolis candidis, paruis, rotundis, oblongis, in extremū acuminatis, magnitudine, & figura foliorū, vulgaris, seu hortensis saturegiæ, vel thymi Crètici, ita circumdatis, vt ramuli ipsorum nigrescentes, folijs obruti, num quam appareant, sed surculi omnes ijs pulcherrimis, candidis folijs circumquaq. stipantur, & surculi omnes ferè producunt, alios plures codē modo folijs, multis, dēsis præditos. It ramulorum cymis extimis, flosculi phœnicei coloris parui, ssimis leucoijs persimiles, vt audiuimus suauiter olentes cernūtur: Ab iis fructus rotūdi, oblōgi milij magnitudine albicantes, succedunt. Quibus apparet hāc stirpem, parte superiorem foliosam solummodo habere, & reliquam plantæ & si ramulis densissimā sit ex toto foliis nuda, cernitur. Veluti hæc est horridi prospectus, ita

Liber Primus. F supre-

ſuprema iucundiſſimum oculis, amœniſſimumiq. intuitum
præbet, ramuli enim ſupremi foliis onuſti floreſcenteiq. ele-
gantiſſimi ſunt, atq. ita vt myrtillæ folia, ab vſu Coronarum
non abhorreant. De hac planta denuò repetimus, ni ad Caſiã
latinorum Poetarum accedat, nos qualis ſit prorſus ignorare.
Quod verò à caſia poëtarum, quam Græci Cneori nomine cognouerunt, non abhorreat, vel hoc quidem argumento deprehenditur, quod radicem magnam, craſſam in alias diuiſã
habeat, atq. ab ea exeant ramuli multi flexiles, quibus dum virides ſunt, poſſent arbores vinciri, ad ligariuè, ſurculoſq. in ſuprema eius parte ferat, pulcherrimis foliis paruis, oleæ figura,
craſſitie, & colore quam ſimilibus, refertiſſimos, floſculiſq.
odoratis cymæ vndiq. ſcateant. Quò fortaſſè mirum non ſit,
ſi apes his floribus delectentur. Itaq. erit fortaſſè albus Cneo-
rus Theophraſti, de quo ita ſcripſit. Caſiæ quoq. duo genera,
alia enim candida alia nigra, candidæ folium modo viticis ob
longum, figura quodammodo oleagineo ſimile: candida magis ſe humi ſpargit, odorataq. eſt, nigra odorę caret. Radix am-
babus, quæ alte deſcendit, grandis, ramiq. permulti, craſſi, ſur-
culoſi, ab ipſa protinus tellure, aut paulo ſuperius ſparſi, lenti
ad modum conſtant, quamobrem hiſce ad colligandum iun-
ci modo vtuntur, Germinant, florêtq. poſt Æquinoctium, au-
tumni, & multum deniq. temporis florêt. An vero nigra, vel
alba ſit hæc noſtra planta dicenda, ignoro, quoniam yti dictũ
eſt, maiori ex parte, vbi nudata foliis viſitur nigra eſt, & ſupe-
riori parte candida. Hæc ſunt quæ de hac noſtra credita caſia
poetarum dixiſſe voluimus.

marginal note: In lib. 6. de cauſis plant. ca. 11.

Chamædaphnoides Cretica , idest, Laureolá
Cretica humilis.

F 2   Plántulá

De Chamedaphnoide Cretica, ideſt, humili Laureola Cretica . Cap. XXI.

Lantula elegantiſſima in Cretę montanis naſci tur, ſemi palmum alta fruticoſa, quæ nititur ra dicula gracili, rotunda, alba, breui multis tortuoſitatibus, inflexa, ſapore maxime feruido, diù linguam excalfaciente, ab ipſa duo, vel tres, vel quatuor ſurculi, iuxta radicē torti, oriũtur, graciles, rotundi, colore nigreſcentes, qui in cacumine producunt plures cauliculos breues, qui ſimul cum ſurculis, ſoliis veſtiuntur copioſis, citra ordinem circumquaque poſitis, ac præ multitudine ſimul ſtipatis, oblongis, in principio tenuibus, in extremo latioribus, rotundioribus, craſſis, duris, intus viridibus, extra albicantibus, ad folia buxi, vel Balſami Alpini maximè accedentia figura, vti dictum eſt, aliquantenus varia, quæ à ſurculis, quibus abſq. pediculo inhærent, incipiendo inſtar pediculi tenuia ſenſim ac ſenſim in latitudine adaucta in extremo Balſami alpini latitudinem ac figuram nanciſcuntur. Hæc inodora ſunt, guſtui vero ad modum feruida, ac guttur, ſi diù in ore tractentur, ferè inurentia. Nos hanc plantam vidimus ſine floribus, & ſine fructibus. Hæc ſtirps primo intuitu ad Vuam vrſi, quam Carolus Cluſius in libro primo rariorum plantarum obſeruationum expreſſam dedit: accedere videtur, veruntamen reuera, & planta notis, & facultate aperiſſimè videtur differre. Namq. etſi magnitudine, caulium numero, & foliis ſimilis videatur, tamen caules habet inæquales, folia rariora non ita præ denſitate ſtipata & maiora. Ex guſtu apparet eam eſſe auſteri & adſtringentis guſtus, cum igneam caliditatem, noſtræ plantæ, folia, & ex toto planta gutturi inferat. Cum itaq. vua vrſi non ſit, quo genere ſtirpium comprehendetur? An forſitan erit Balſami Alpini ſpeties, vt aliqui crediderant? nequaquam: cum Balſami alpini planta longè maior, neq. foliorum figura conueniat, nec caules ad radicem, neq. radix habeat eas multas tortuoſitates, quam notam, ceu iſtius plantæ propriam in multis plantis

ean-

eandem æque obferuauimus, præterea balfami planta tota
ftiptica, & amarefcens guftui videtur, cum noftra guttur calore incédat, linguamq. plurimum ex calefaciat. Quibus credidimus nos hanc plâtam effe, chamedaphnoidem, ideft par-
uuam humilemq. laureolam, cum ex multis, tum omnium
maximè ex foliis, atq. ex facultate ferè inurente, quam nos
fæpe deguftantes animaduertimus. Fortaffe ea planta quam
C. Clufius in regno Granatéfi offendidit, quam merito quofdam Hifpanos in plantarum cognitione peritos, ex foliorum
craffitie perfuafi, chamedaphnem, appellaffe, fcribit. Verum
vt ingenuè dicam, non puto virum in ftirpium ftudio clarif-
fimum decipi potuiffe, cum ea planta, quam in Granatenfi
quoddam colle aprico offendit, videatur diuerfa à noftra pro
pofita planta, cum illa longe maior noftra fit, foliaque longe
maiora, & rariora habeat, atq. etiam in extremis non videntur vt iftius plantç, acuta: præterea quia fapor in ea obferuatur
aufterus, cum amaritudine non conuenit cum noftra. An verò hæc planta fit Chamedaphne à Diofcoride vocata? nequa-
quã in cum noftra fentétia, (vt etiam Dulechampiu cognouit,) Diofcoridis chamedaphne non fit ex genere vrentiun facultate plantarum. Confultius igitur credidimus poffe vocari chamedaphnoidem, cum fit humil.s planta, ex Daphnoi-
dis, vulgo, laureolis vocatis, etenim conuenit & planta figura, atq. vrenti facultate.

Poterium.

Poterij

De Poterio. Cap. XXII.

Oterij planta naſcitur in multis locis Cretæ in-
ſulæfruticoſa, foliis, & ſpinis tragacanthæ per-
quam ſimilis, quo mirum non eſt, ſi poterium
pro Trangacantha ex ijs locis, ad me non ſemel
miſſum ſit; Large verò fruticat ramis aliquando
tenuibus, vt expreſſit Dioſcorides, & aliquando craſſis, nigro cortice quaſi ſquammatim cum ſpinis obductis, non longis, ſed breuibus, & denſis, ſpinis albis, acutis, horrentibus, non
rectè ſed oblique actis in ſummitatibus craſſis, craſſoque tomento candido inæqualiter obductis, in quo tomento floſculi
tenues, leues, oblongi, colore albicantes viſuntur, à quibus ſemen minutum, rotundum, albicans, ea lanugine obductum
ſit. Hęc plāta in hoc pręſertim à Tragacantha differre videtur,
quoniam Tragacantha, neq. caules in ſummitatibus craſſiores habet, ſed potius ſubtiliores, neq. etiam tomento pleni
ſunt, neque flores in tomento fert; Etenim Tragacantha in
ramulis flores & ab ipſis paruas ſiliquas producit, quibus ſemen continetur. In poterio caules in ſummitatibus craſſiores
quaſi ſpicæ figura cernuntur, & craſſo tomento albo obducti,
in quo & flores & ſemina producuntur. Cum Tragacantha,
tum poterium habet foliola parua, oblonga, leguminis modo
vtrinq. in ſpinis, eaq. præſertim habent in ſummitatibus cau
lium. Hæc planta poterij ita rara eſt, vt à nemine hactenus ipſius imago affabrè delineata viſa ſit, etſi plures de poterio ſcri-
pſerint. Ego verò proximis annis ex Creta Inſula à Hieronimo
Capello, ampliſſimo & humaniſſimo Senatore, tunc temporis totius eius Cretici regni generali prouiſore, D. D. meo per-
petuis nominibus colendiſſimo, accepi pro poterio abſq. radice, & eſt planta hactenus à nobis delineata. Multa tamen, (ſi
Dioſcoridis lectio ex toto incorrupta non ſit, de qua re maxime dubito) vt hæc ſit poterium, deſiderantur. Primū enim
eam deſcribens, inquit: Poterium large fruticat, cortice obductum tenui, ſpinis horridum, lanugine ſpiſſa: Ramulis longis, mollibus, lentis, tenuibus, Tragacanthæ proximis: Foliis
paruis

In 3. de
mat.me-
dic.c.16.

paruis rotundis flore exiguo candidi coloris , feminis' nullius
vfus,fed guftù acuto & odorato.Omnia fanè de poterio àDio-
fcoride tradita,huic noftro Cretico poterio conuenire videntur, hoc excepto quod non habeat ramulos longos, molles,
lentos,tenues . Quando hæc noftra planta habeat ramos breues,duros, fractù non contumaces, atq. ad Craffitiem magis
quam ad tenuitatem inclinantes. Verum vt ingenuè dicam,
dubito an & Diofcoridis verba tractù temporis fuerint vitia-
ta,quæ dubitatio apud me magis aucta eft,& quod fciam hãc
plantam in Grecia pro legitimo poterio apud omnes ferè ha-
beri, atq. ex Diofcoride quoq. qui ait , Poterium conftare ramulis Tragacanthæ proximis,fed quis quæio affirmabit Tra-
gacantham habere ramos longos,molles, lentos, tenuefque?

In li. fim
pl. c.232. Cum ipfa potius ramos habeat breues,duros,non vifcidos,at-
que potius ad aliquam craffitiem inclinantes , quod & Serapio Diofcoridis tranfcriptor confirmaffe vifus eft de Tragacantha dicens,ipfam habere ramos breues, extenfos fuper faciem terrę,quare crediderim ego hanc plantam effe legitimũ
poterium,& fi quis etiam de femine, quod fit infipidum, mi-
nimeq. acutum, & odoratum,quale expreffit Diofcorides, &
de flore quod non in hac noftra planta flauefcentem coloré
viderimus,non album vt Diofcorides, neq. herbacei coloris,
vt Plinius tradidit:Hoc minime nos turbare debebit,quando
eafdem fanè plantas in floribus fæpe colorem euariare nõ fit
nouum,de femine etiam credidi textum Diofcoridis habere
vitium,vitiatumq; ab aliquo,fimplicium medicamentorum
inexperto,fuiffe , quod ex eiufdem Diofcoridis verbis facile
coniici poterit , Cũ ipfe præfertim dicat; Seminis nullę vfus ,
fed guftu acuto, & odorato .Quomodo iftuc verum effe po-
teft? quod femen poterii acutum atq. aromaticum nullius
fuerit vfus? Quo credimus nullius effe vfus quia infipidum fit
minimeq.acutum, atq. aromaticum , quale ita effe in noftro
poterio deguftauimus. Quibus colligimus noftram hanc plantam pro poterio miffam, non abhorrere à poterii notis, Accedit etiam,vt hæc veritas magis cognofcatur, quod hæc aut
verè poterium erit, vt nos putamus,aut Tragacãtha, propter
magnam fimilitudinem quam poterium habere,cum Traga-

cantha

cantha Diofcoridis, tradidit, & in fpinis, & in ramulis, atque quadantenus etiam in foliis, non eſt autem Tragacantha, vt nos in ipſa planta, quam nos olim in Cretæ duobus ſcopulis, quos vulgus Gozi appellant, obſeruauimus. Differt enim à poterio, vt in ſequenti capite iterum demonſtrabimus, quod ipſa ſit procerior, diuerſa à poterio, figura, ſpiniſq. conſtet lō-gioribus, & poterio magis ſit foliata, atq; ita, vt & Diofcori-des confirmauit, quodam tempore, quippè in verè (tũc enim ipſa regerminat)foliis ipſis ſpinas occultat. De iſtius plantæ ra dice & ſucco ab ipſa manante quiquam, cum hæc non vide-rim, certi non habeo, vt ſcribam. Inquit Diofcorides radicem præciſam neruis, & vulneribus glutinandis illiniri, vnde Neu-ras etiam dicta hæc planta fuit, Decoctum quoque eius, ner-uorum affectibus medetur; Galenus inquit habere deſiccan-di facultatem abſq. morſu, adeo vt & neruos inciſos glutinæ-re credatur, præſertimq. ipſius radicem hac facultate donæ-tam eſſe.

Poterium alterum densius ramificatum

Nascitur

De Poterio altero densius ramificato. Cap. XXIII.

 Afcitur altera poterii planta, quæ ramis magis in latum diffunditur eofq. & breues habet, & longe plures, & fpiffos, itaut in planta nihil vacui appareat, à ramorum cymis proueniunt fpicæ horridæ, veluti fpinis crebris, denfis; quibus, fic tota planta eft ftipata vndiq. vt tota planta contegatur, & nulli rami extra confpiciantur, cymæ etiam omnes lanugine fpiffa infarctæ latiores apparent. Hic ferè totus terram attingit, & fupra terram vix fegregatus apparet, & ipfius rami fubter fpinas obruti nigrefcunt, & fubtiliores funt.

Tragacantha.

Veram

De Tragacantha. Cap. XXIV.

Eram, ac legitimã Tragacãtham, nos ex Aegypto olim in patriam nauigantes in duabus infulis paruis, quas indigenę ſcopulos Gozos appellant, vidimus, cum aliis rarioribus plantis ibi copioſius naſcentibus, atq. viuentibus. Frutex eſt cubitalis, & amplior, etiã à terra ad ſũmitatē vſq. totus ſpinis horridus, ac vndequaque ſtipatus ſpinis longis, albis, rectis, vtrinq. binis foliolis paruis, oblongis in rotundũ foliis poterii proximis. Caulis vti diximus cubitalis & amplior cernitur obliquè ſurſum actus, ex quò plures rami hinc inde in altum feruntur, ita ſpinis & foliis, denſè veſtiti, vt oculti oculis vix appareant. In ramulis floſculi lutei, parui Aſpalathi ſimiles, non multi à ſuis paruis pediculis pendēt, à quibus ſuccedunt paruæ ſiliquę Aſpalathi itidē ſiliquis proximæ ſemen minutum continentes, atq. hæc eſt legitima Tragacantha Dioſcoridis de qua inquit: Tragacanthę radix lata & lignoſa ſummo ceſpite nititur, ſurculos humiles robuſtos latiſſimè fundens, in quibus minuta folia nonnunquam tenuia exoriuntur, quæ ſub ſe ſpinas albas, rectas & firmas occulũt; radices non vidimus, quod tunc, temporis anguſtia eas è terra effodere minime potuerimus, neq. gummi Tragacanthũ in iis plãtis per id tēpus nobis videre licuit. Erat menſis October quo tempore ſcopulos Gozos perluſtrauimus, & tunc tēporis plantæ Tragacanthæ, quæ in eo ſolo innumeræ ferè viuebant ſiliquas habebãt, & in aliquibus pauci flores ſupererãt, qui nondũ defloruerũt, plantã quam And. Mathiolus affabre pictã dedit, huic eſt admodum ſimilis, hoc excepto, quod non ita latè fruticans videtur, in reliquis eadem cum noſtra planta, cuius imaginē damus eſſe deprehenditur. In vſu medicinę eſt eius gummi, quod ex radice emanat, quod eſt paruum, clarum, colore rubeſcens & ſapore dulceſcens, temperate frigida eſt & ſicca, gummi vim habens, & quandam facultatem emplaſticam, qua cutis meatus infarcit, & acrimoniam hebetat humorum acrium, vnde vſum habet ad tuſſim, ad gutturis, & tracheæ arteriæ, aſperitatem, ad vlcera renum, & veſicæ, nec non ad vlcera pulmonum.

In li.3.de
med.
med. ca.
22.

Tragacan-

Tragacantha altera.

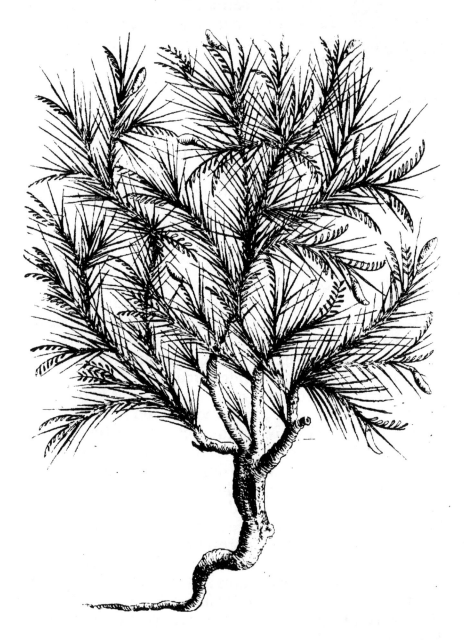

Pulcher-

De Tragacantha altera. *Cap. XXV.*

PVlcherrimam plantam ex Creta accepi pro Tra-
gacantha altera miſſam, quæ nititur radice lon-
ga, craſſa, lignoſa, colore nigra, à quo quatuor,
aut plures exeunt caules nigri, rotundi duri, li-
gnoſi, qui ih complures ramulos diuiduntur nigros, ſubtiles, breues, totos ſpinis multis,
albis, armatos, ſed in ſummitatibus habent ſpinas quaſdam germinum inſtar, foliolis paruis tenuibus ex vna tantum
parte, preditas, in quibus ſurculorum ſummitatibus flores
parui, prioris Tragacanthæ ſimiles cernũtur, atq. ab ipſis ſuccedunt ſiliquæ paruæ Tragacãthæ itidem proximæ, tota hæc
planta eſt veluti ſimilis echino, radix inſipida eſt, ſed aliquantulum odorata, cuius & vires, & vſus ad medicinam ſunt igno
ti omnino; Petrus Bellonius in lib. ſecundo ſuarum Itinerariũ
obſeruationum ita, ſe in Ida monte duo Tragacanthæ genera vidiſſe.

Echinus,

Echinus, ideſt, Tragacantha altera.

Mirum

De Echino, seu de alia Tragacantha. Cap. XXVI.

Irum est Honorium Bellum, Echinopodã, de qua
egimus antè, Echino comparâsse, cum parùm qui-
dê cum Echino, aut nihil côueniat. Qualis ex stir-
pibus congruentiùs Echino côparari poterit Tragacantha altera, de qua nuperrimè, atq. longè plus Tragacanthæ species de qua nunc agimus. Planta est parua echini ter-
restris magnitudinis, figuræq.orbicularis tota, terræ inhærês,
& duos latos digitos supra terram eminens, atq. radicem vsq.
ad surculorum medietatem terræ affixam habens, in parte interna, qua terræ adhæret apparent ramuli breues, subtiles, nigri, multi, densè simul stipati à multis radicibus paruis, tenuibus, simul coniunctis, terra occultatis, proficiscentes, desinen
tes, in spinas paruas, breues, acutas, tenues, latas, albicantes in
extremo stellatim modo compositas nudas foliis, vnde superfi-
ficies partis extimæ non plana, sed ad rotunditatem inclinata
cernitur tota spinis densissime simul stipatis vndiq. horridæ,
armata, quæ spinæ ex germinibus ramulorum, qui innumeri
sunt, in orbem stellarum modo desinêres totam superficiem
complent; ex germinibus innumeri flosculi hyacinti floribus
ferè figura similes, sedlongè tamen minores, à quibus techæ,
paruæ, oblongæ, vt in altera Tragacantha vidimus totã echini dorsum exornant. Mirabilis natura, quæ Echinum animal
herbaceum produxisse visa est; non Echinopoda, echinus vo
cari debuit, cum nihil cum Echino etsi in orbem d.ffundatur,
conuenit, sed hçc Tragacanthæ species quam hactenus descri
psimus. Quam plantam genere Tragacantharum compre-
hêdi oportere, nos quoque vna cum amico, qui ad me ipsam
ex Creta misit, facile credidimus. Hanc Græci Caloscirthida
nominant.

Tragacantha quarta, vel Spartium Spinosum alterum.

Nonnulli

De Tragacantha quarta, vel de Sparthio alio spinoso. Cap. *XXVII.*

Onnulli ad Tragacanthas refferunt fructicosam plantam, spinosam, habentem ramos plures, lignosos, duros, colore nigrescentes à quibus procedunt surculi parui, tenues in spinas cruciatas desinentes, duras, & acutas, surculi verò vestiuntur foliis oblongis circumquaquè inordinatim positis, latiusculis, genistæ vulgaris, seu sparthii proximis, simul ferè circu ita stipatis, vt cauliculos folia oculant, si flores & fructus vidissemus, melius quæ planta sit, iudicare potuissemus facilius ad Sparthios spinosos, quam ad Tragacanthas eam referendam esse, inclinabimus.

Scamonea Macrořiza .

Ex Creta

De Scamonéa Macroriza. Cap. *XXVIII.*

E X Creta infula olim plantā accepimus Scamoneæ, in omnibus cum Scammonio Syriaco conueniētē, hoc excepto, quod nō habet radicē craſſam, ſed lōgam, ſolummodoq. vt pollex craſſam, vnde Scammoneam macroryzam, ideſt, longæ radicis, hanc plantam vocauimus, lacteo verò ſucco madet, quò vtuntur plures purgationis gratia, purgandiq. preſtantiā haud cedere Syriaco Scammonio deprehenſum eſt.

Tithymalus

Tythymalus Arboreus.

Nafcitur

De Tithymalo arboreo. **Cap. XXIX.**

AScitur tithymalus arboreus in Creta insula ad hominis altitudinem, ac ampliorem etiam. Nititur radicibus multis, longis, tenuibus, albicātibus hinc inde in terram recte actis ad caudicis principium simul concurrentibus vel ex caudicis principio venientibus. Caudex altitudine hominis attollitur, craffus, rotundus, à quò forculi plures recti, vifcidi, tenues, in vmbellæ modum fimul feruntur folijs longis, characias tithymali tenuioribus circumquaque inordinatim veftiti. In horum fummitatibus flores veluti in vmbellis paruis cernuntur à quibus femina parua rotunda alba fuccedunt, tota planta lacteo fucco turget. Cuius vfus eft ad purgandum, educit enim per ventrem femioboli menfura bilem pituitam atq. ferofum humorem, calida ficcaq. eft fupra ordinem tertium quo inurit, inflamat, vlceratq. Petrus Bellonius in lib. primo itinerarium obferuationum ca. 17. inquit fe in Ida monte vidiffe tithymalum dendroidem duorū hominum altitudine, & caudice humanæ coxæ, craflitie.

Tythymalus.

Tytymalus Cyparissias.

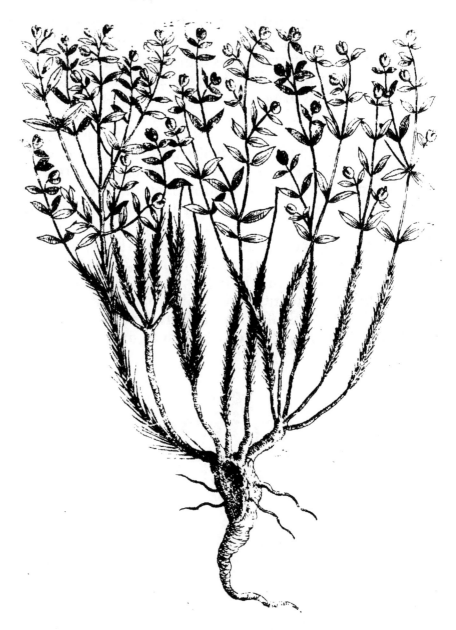

Subiecimus

De Titymalo cyparissiæ Cap. XXX.

Vbiccimus hic libenter imaginem titymali cyparissij Cretici, vt affabrè delineati, vt stirpium varietate, qui delectantur, videant, quantum intersit hæc planta ab eâ, quam alij descripserunt, quæque apud nos nascitur. Nascitur. n. tithymalus cyparissias -cubitalis altitudinis ab vna radice crassa, longa, lacteo succo turgente, producente caules multos, quorum plures exeunt à caule crasso à radice quatuor digitos in altum proficiscente, tenues, graciles, iuncei, paruis capilamētis breuibus, multis, tenuibus, pini folijs, similibus vestiti, propè caudicem nudi, sed veluti punctis nigrescentibus maculati, in quorū cymis singuli vmbellam ex tribus aut pluribus cauliculis constantem, & in principio vm bellæ singuli caules vtriq. vnum foliolum, oblongum paruū, in extremis acutum myrti folio simili, minus tamen, & tenuius, quilibet etiam vmbellæ cauliculus circa medium vtrinq. foliū priori simile, & minus à quo cauliculus vsq. ad extremū spicæ modo fert foliola ex vna parte inclinātia alijs longe bre viora, latiora, cū floribus paruis, læncoij similibus atq. fructibus paruis triquetra figura, semē paruum rotundum, album pipere minus. Diximus ex radice exire caules plures, longos, graciles, propè radicem foliis nudos, punctis multis dēsè ema culatos, qui vsq. ad vmbellam foliis minutis & tenuibus, veluti capilamentis, pini foliis proximis vnde hæc planta cyparissa dicta est. Singuli caules ante vmbellarū exortum vtrinq. foliū habent myrti folio proximum, sed minus & tenuius, po stea succedunt vmbellæ vt dictum est, Inter hosce multos caules lōgos, graciles, & rectos, nonnumquam vnus vel duo crassitie minoris digiti, visuntur, qui in plures itidem cauliculos foliatos diuiduntur quorū quilibet suā in summitate vmbellā habet, vti, dictū est, formata. Caules ij crass, quoad ī cau les diuidūtur, nudi sūt, atq. pūctis emaculati, tota plāta dū re cēs est lacteo succo madet, quo īdigenæ tāquā purgatorio vtū tur ad purgandū per ventrē pituitosum, atq. serosū humorē.

Phylitis

Phyllitis ramosa.

Nascitur

De Phyllitide ramosâ. Cap. *XXXI.*

N Afcitur in Cretæ infulæ (vt audio) locis humidis
& opacis ftirps maxime foliofa,quæ foliorum viridi colore, vifum maxime deleĉtat. Hæc caules
fert ab vna radice multos, quippè numero viginti-
ti,& plures etiam longos binis ferè cubitibus,te-
nues,quadratos læues, ex vno latere fiffuram per longum habentes,circa radicem tomento veluti quodam obfitos. Hi ab
extremo vfq. propè radicem femipalmo foliofi admodum
fpeĉtantur adeo vt densè vtrinque folia habeant, longa digiti
parui craffitie in acutum definentia in neruum aĉta vtrinque
per latum densè reĉtis lineis fignata lanceam longam figura
æmulantia, quadâtenus paruis phyllitidis fimilia, anguftiora
tamen reĉtè ex oppofito pofita eò ordine & frequentia vt in
filicis maris,vel lonchitidis afperæ caulibus cernuntur.Nitû-
tur verò ij caules, vnica radice lignofa, dura , craffa, inæquali
fcabra,in rotundum abeunte,quæ vndequaq.obtegitur radicibus fibrofis,paruis, tenuibus, nigerrimis reĉtè,obliquèque
deorfum aĉtis, fimul circû ipfam ita ftipatis ,vt interius quæ
eft, radicem non videas, neq. difcernas . Tota planta inodora
eft,au fteri guftus & excalfacientis,quæ excalfaĉtio tardè in lin
gua fentitur,tardèq. refoluitur,itaut diù duret. Hæc planta
neq. florem neq. fruĉtum, neq. femen vllum profert , quam
plantam auderem affirmare neq. antiquis fcriptoribus , neq.
recentioribus fuiffe notam, tametfi ex feruore intenfo, quo
linguam afficit,fuiffe in caliditate admodum efficacem. Nos
ipfam phyllitim â foliorum numero quafi foliofa dicatur, nominauimus,ramosâ,quod ramos numerofos pro ferat.Quic-
quam certi de eius vfibus ad medendum , non deprehendimus.

Anchufa Arborea.

Densè

De Anchufâ arboreâ. Cap. XXXII.

Ensè arborefcit planta, quam accepimus ex Creta, ex craffo caudice, qui à craffâ oritur radice, longa, dura, lignofâ, colore ruffefcente inæquali, digiti maioris craffitie, fcabro cortice, tenui, nigro, ligno duro fub ruffefcente, qui in plures caules diuiditur, & caules in multos furculos, graciles rotundos, fcabros inæqualiter foliis veftitos, namq. circa ramorum cauitates folia multa fcilicet, feptena, & quandoq. nouena, parua, oblonga fatureiæ fimilia, in extremis acuta, fed dura, nigricantia, in neruumque acta, circum vndiq. paruiffimis veluti fpinulis albis, vt in anchufâ afpera fimul germinis modo pofita. In furculis verò rectis, tenuibus, equalibus, folia alio ordine ponuntur, fcilicet vnum poft aliud quodam æquali interuallo circumpofitum eft, in quibus rara folia effe cernuntur, In fummitatibus verò flores producuntur parui quadantenus anchufæ vulgaris fimiles, colore purpureo in phæniceum inclinante, à quibus femen haud anchufæ femini diffimile fuccedit. Hanc ftirpem nomine anchufæ arboreæ ex amico accepimus, fortafsè qui eam ex radice fub-ruffâ, quæ manû tingit, ex foliis, quadantenus anchufæ foliis fimilia, figura fcilicet, & fpinularum afperitate. atq. demum multò plus ex floribus, admodum, & magnitudine, & figura & colore anchufæ floribus proximis, hanc plantam anchufarum genere comprehendi oportere iudicauit. Quod an rectè fecerit, alii iudicabunt, Hoc vnû dicam cum anchufis Diofcoridis, vel nihil, vel parum conuenire. Quò etiam dicemus, verè quidem hanc plantam non effe anchufam, potuiffe verò à quadam fimilitudine, fiue conuenientia, quam in colore radicis, foliorum, figura, afperitateq. & in floribus cum anchufis videtur habere. Vires & vfus ipfius ignoti funt. Radix infipida ferè omnino apparet, & inodora.

Solanum

Solanum somniferum Antiquorum.

Verum

De Solano somnifero antiquorum. Cap. XXXIII.

VEum Solanum somniferum antiquorũ nascitur in Creta insula, bicubitalis,& ex amplioris etiã altitudinis, producitq. ab vna radice grãdi, non multũ crassa lignosa albo cortice vestita fętida & insipida, tres, aut quatuor, aut plures etiam caules, crassos, rotundos, rectos, fractu difficiles, albicantes, à quibus surculi alij exeunt, aliquando vero vnus solummodo stipes oritur ex radice qui in multos caules diuiditur, qui longi sunt recti rotundi albicantes, folijs vestiuntur non vtrinq. binis simul, sed singulis alternatim circum ramulos à suis pediculis longis sursum pendẽtibus, mali cytonei folia magnitudine & figura, æmulãtibus, in quibus, & in ramis quædam humiditas resudat, quæ manui adhæret, In cauliculis verò iuxta foliorum sinus interfolia flores multi, parui, rubri, leucoij figura racematim circum caulem congesti cernuntur, à quibus folliculi parui rotundi in acutum terminantes, quadantenus striati succedunt, primo virides, & mox ad maturitatem perducti, rubri apparẽtes, figura planè imitantes solani vesicarij vesicas, sed multo tamen minores, intus habentes granum rotundum fructui halicacabi simile, minus tamen, & cum maturuerit rubri coloris euadit. Quibus profectò notis constare videtur hanc plantam à nobis descriptam esse solanum somniferum legitimum antiquorum, nullis hactenus cognitum, neq. delineatum, quę veritas cuique nostrum facilè innotescet, si quæ Dioscorides de huiusmodi solano scripsit, prius animaduerterint, qui de isthac planta ita inquit, solanum somniferum fruticat, multis ramis densis, lignosis, fractu contumacibus, pinguium foliorũ, cotonęq, mali similium plenis, flore grandi rubro, fructu in folliculis crocato, radice lõga, subrubro cortice vestita, quæ notæ cum in nostra planta omnes eluceant, quis quæsò erit, qui audebit negare hanc plantam esse recipiendam pro solano somnifero Dioscoridis. Accedit etiam quod hæc nostra planta profert vesicas similes solani vesicario, minores tamen, fructum rotundum, rubrum, quem Dioscorides crocatum.

In lib. 4. de materia med. cap. 76.

catum vocat, quo veficarium quoq̃. ideſt halicacabum vocatum eſt.Qua nota ſingulari intelligitur plantam à Matheolo,
primo pro ſolano ſomnifico propoſitam,atque à Cluſioconfirmatam, quod veſicas non ferat veſicis ſolani halicacabi ſimiles, non eſſe ſolanum ſomniferum antiquorum, Omnes
enim antiqui ob id ſolanum ſomniferum veſicarium,ideſt halicacabum vocari dixerūt:Theophraſtus inquit ſolanum ſomnificum eſſe veſicariæ genus, eodem modo & Plinius ait de
ſolanis ſcribens, quin & alterum genus , quod halicacabum
vocant; Dioſcorides vero dixit quod & halicacabum vocant,
quia halicacabum ideſt veſicarium, primo ſecundum genus
ſolani eſſe ſtatuerat vt potè quod veſicas maiores granum rubrum continentes producat,vnde ſomnificum,quod facit veſicas paruas, coccineum, ſiue Crocatum colore granum itidē
continentes;ſecundum halicacabum meritò appellauit.Quibus liquido cuiq, noſtrum conſtabit,noſtram hanc plantam,
vel etiam ob hanc notam ſingularem, quod ſit veſicaria, pro
legitimo Solano ſomnifero eſſe recipiendā,Dioſcorides hanc
vim ſomnificam habere,opio mitiorem ſtatuit.Radiciſq. corticem Drachmæ pōdere ex vino in potu dari ad ſomnum inducendum,quod & Galenus affirmauit,affirmans tertio gradu ſolummodo frigidum eſſe, Fructus ad mouēdam vrinam
maximè commendantur, at ſi plusquam duodecim exhibeantur inducant inſaniam.

Dorycnium

Dorycnium.

K   Planta

De Dorycnio. Cap. XXXIV.

Lanta nascitur in Cretæ insulæ locis maritimis cubitalis & amplioris etiam longitudinis, fruticosa surculis folijsq. maxime densa, tota argenteo colore in cana, pulcherrima, visuiq. amænissima, quam indigenæ Dorycnium appellant exvarioq. in floribus colore, quod dam rubrum, ex rubro flore, atq. quoddā album, ex albo nominant. Itaq. hæc stirps densè fruticat, ab vnica radice multis caulibus longis, rotūdis, tenuibus, sursum rectè actis, quorū quilibet in alios d uiduntur cauliculos, tenuissimos, iunceos, coloreq. argēteos, folijs longis, oleæ & figura & colore similibus, in quibusdam locis, multis simul ab eodem exortù, vt quinis, vel septennis prodeuntibus, sine caulibus, absq. pediculo inhærentibus, & in quibusdam ramulis rariora apparēt, quodam tamen ordine in ramulis grandioribus vtrinque ita posita sunt, vt ferè semper tria aut plura, vti dictum est, conspiciantur, cauliculi verò summi, subtiles, recti, aut vnis, aut binis foliolis, quorum vnum maius, alterumq. longè minus visitur, circum positis certo interuallo, vestiuntur. Qui cauliculi in summitatibus flores habent frequēter trinos aut quinos, aut longè plures oblongos, campanularum instar à paruis oblongisq. velati suis calycibus, simul vmbellæ ferè in modum prodeuntes, quorum quidam rubri sunt, & quidam albicant. Verum album dorycnium à rubro videtur in quibusdam differens, quale verò à floribus semen succedat, nos qui plantam cum floribus solummodo missam vidimus, neutiquam cognoscere potuimus, Radix longa, & crassa cernitur, cortice nigro, dura, & lignosa, & inodora, & insipida. Hæc est planta pro Dorycnio nobis missa, cuius quidem notæ si accuratius cosiderentur, & cum illis quas Dioscorides de Dorycnio, expressit, comparentur, proculdubio hanc plantam à Dorycnio Dioscoridis haud planè abhorrere cōprehendemus. Nos profectò non latet plures antiquorum per Dorycnium intellexisse succum quendam venenatum, quo in prælijs cuspides hastarum, atq. tellorum, illinentes venenabant, quo

etiam.

etiam venatores ad feras interimendas in venatione vtebantur, quod genus dorycnij ceruarium Plinius appellauit, credidisseq. visus est solanum maniacum esse huiusmodi Dorycnium, at Dioscorides longè diuersam plantam pro Dorycnio cognouit, soporiferam radicem habentē, quo solanum somniferum Dorycnium vocari dixit. At dorycnium ab ijs diuersum, cum quo hæc nostra planta conuenire videtur, hisce notis expressit, dicens. Dorycnion Crateuas halicacabum, aut caleam vocat. Frutex oleæ nuper prodeunti similis. Nascitur in petris non procul à mari ramis cubito minoribus, folijs oleæ similibus colore, minusculis, firmioribus, præter modū scabris, flore candido, siliquis in cacumine, ceu ciceris, densis, rotundis quinis, intus aut senis seminibus, exigui erui magnitudine, leuibus, firmis versicoloribus. Radix ad digiti crassitudinem & cubit longitudinem adolescit. Atq. à Dioscoride expressa fuit hisce notis: Dorycnij planta, à qua haud dissimilis nobis visa est nostra hæc planta, Etenim frutex est, oleæ recēter prodeunti similis, quod ramulos rectos folijs, & figura, & colore oleæ similibus, sed minoribus, vestitos habeat, quod in summitate caulium, & flores albos & siliquas semina continentes, ferat, atq. radici nitatur longa, digiti crassitie, quam creditur somniferam esse. Adde Græcos omnes in ea insula hanc plantam Dorycnion appellare, quibus constabit hanc plantam ad Dorycnion Dioscoridis verius, quam quæuis alia stirps ab alijs pro Dorycnio inuenta, atq. proposita, accedere.

In lib. 4.
de mate-
ria med.
c. 64.

Chamæpeuce.

Chamæ-

De Chamæpeuce. Cap. XXXV.

Hamæpeuce Cretica itidem planta eſt fruticoſa ab
vna radice producēs multos caules lōgos, tennes
rectos qui circa ſummitaté in breues etiā multos,
cauliculos tennes, diuidūtur qui flores producūt.
Caules verò folijs longis tenuiſſimis candicanti-
bus densè circumquaq; veſtiuntur piceæ ſimilibus, à quibus
Chamæpeuce dicta eſt. Mirum eſt cur Plinius Chamæpeucē In li. hiſ. natural. 24. c. 15.
laricis folio ſimilem fecerit, credideritq. exinde nomen inue-
niſſe cum picea πευκη Græcis dicatur, vnde Chamæpeuce
quaſi picea humilis vocata eſt, ſi folia laricis vt apud Plinium
legitur habuiſſet, Chamælaricem, & non Chamepeucen à
Græcis vocatam fuiſſe, credendum eſt, quare dicamus hanc
plantam folia piceæ ſimilia habere non autem laricis, vt cum
errore apud Plinium illud legatur. Perperam etiam nonnulli
Græci codices apud Dioſcoridem Chamæleucem legunt: Cū
hæc planta Plinio auctore farfugium, ſiue tuſſi lago quædam
ſit. Itaq. caules noſtræ plantæ folijs piceæ ſimilibus veſtiūtur.
In cauliculorum verò cacumine flores multi producuntur
cyano ſimiles, à craſſiori calyce ſquammato prouenientes, co
lore in vinoſum albicantes, quibus ſemina ſuccedunt cyani
haud diſſimilia. Tota plāta radice nititur ſingulari obliquè in
terram acta, tenui atq. lignoſa, colore albicante, iſſq. notis hāc
noſtram plantam à chamæpecue non abhorrere quiſq. co-
gnoſcet. Radix ſubadſtringente atq. excalefaciente qualitate
guſtum inficit. Quo primo ordine calidam ſiccāq. eſſt, opor-
tebit. Quo comminuet & extenuabit craſſos humores atq. ab In li. 4. de materia med. ca. 122.
infarctū viſcera liberabit, flatuſq. digeret, hinc Dioſcorides di-
xit conciſam ſeu tritam ex aqua epotam dolores lumborum
tollere. De Chamæpeuce vero ex verſione Marcelli Virgilij
ita habet, Chamæpeuce Latini pariter chamępeucem dicunt
facit ad lumborum dolores, in quem vſum cōciſa in aqua bi-
bitur, ſunt qui herbam colore vndiq. herbaceo deſcribant foliolis ramiſq. inflexis, & roſeo flore.

Tragori-

Trágorigaьum.

Tragori-

De Tragorigano. Cap. XXXVI.

Ragoriganum duplicis differẽtiæ prouenit in Creta, vnum folio & ramo maiori crassiorique folijs asperioribus, atq. alterũ minus & tenuius, vtrũq. multis ramis ab vna radice fruticat, duris, lignosis, subasperis, tenuibus, qui hinc inde ferũt plures ramulos paruos, rectos, rotundos, graciles, vtrinque in ramis quibusdã interstitijs seruatis, positos, qui foliolis paruis, thymi latioribus, nigricantibus, vtrinq. plerũq. binis positis, quorum vnum maius, alterumq. minus, densè vestiuntur, ramos vero, in quibus flores sunt, vestiunt vtrinq. trina & plura inuicem opposita folia, maioris tragorigani maiora, & asperiora, circum, pilos asperos duriusculosq. habentia, in extremis caulibus, flores circum positi ac simul congesti, vt in marrubio, cærulei, parui, suauiterq. olentes, cernuntur à quibus semen minutum producitur. Tota planta nititur radice parua, tenui, lignosa, in alias radiculas tenuiores, diuisa. Vniuersa plãta spirat odorem suauem, gustuiq. non leuem acrimoniam inducens, & excalfactionem. Honorius Bellus credidit hanc plantã esse thymbram, de qua re in sequenti capite nos accuratius: Vnde calida sicca facultateq. est supra secundum excessum. Cum folia tum flores calorem stomachi præ languescẽtem restituunt roborantq. cum etiam leui adstrictione nõ careant. Morbis frigidis valenter remedio sunt, flores ad Dracmam, & folia, ex vino, aut ex alio liquore, epota. Mẽses in mulieribus efficaciter mouent vterumque refrigeratum calefaciunt flatusq. digerunt, & ex vino epota planta, tam eius decoctum epotum. Obstructo lieni atq. indurato dantur folia ex aceto decocta plures dies magno cum iuuamento. Decoctum ex cymis istiusce plantæ paratum, præter eas vtilitates quas diximus afferre id etiam habet, quod purgat, (vt auctor. quoq; est Dioscorides) per ventrem bilem flauam.

Thymı

Thymbra.

Crefcit

De Tymbra. Cap. XXXVII.

Refcit in afperis locis planta thymo fimilis, fed ramulis thymi graciliorib. minoribus, atque tenerioribus,qui vtrinq. habent alios furculos, graciles non ex oppofito pofitos, obliquè actos, folijs thymi, fed tenuioribus, & mollioribus, herbofi coloris virefcentis, multis ex oppofito inuicem caules teneros ambientibus , Cauliculi verò in fummitate ferunt flofculos purpurefcentes modo inter foliola,fpicæ modo. Exili radice tenui, longa,lignofaq. nititur, Thymo hæc ftirps fimilis eft, fed minor in altitudine, & eò longè ramulis ferè in orbem expanfis, latior, ac ad terram depreffior. Tota eft odorata, odorem ad thymum quadantenus inclinans, non minufq. & acri fapore thymum itidem fimulat. In ciborum condimentis vfum habet, & in medicina non minus ad mouendos menfes in mulieribus, vrinam, & eius decoctum plurimum valet in tuffientibus ex melle ad excrementa in pulmonibus infarcta extenuanda,detergenda, atq.ad fputum, facilitanda. Calida ficcaq. eft vt ex acrimonia conijcitur, vfq. ad ordinem tertium inciforiæ facultatis, ac efficaciter digerentis, atque refoluentis. Nos hanc plantam fyluestrem fatureiam Diofcoridis legitimã effe credidimus, quod & notis , & viribus ei maxime conuenire videatur. Honorius Bellus qui multos annos in Cretæ Cidonia ciuitate vixit honorabiliter, ac per honorificè ibi medicinam faciens, mifit ad Carolum Clufium pro Syluestri fatureia, fiue thymbra eam plantam, quam nos fuperiore capite, pro tragoríyaro recipiendam effe, probare ftuduimus, eamque præfertim effe maius tragoriganum, fed certè vt ingenuè fatear, crediderim hanc nunc ftirpem propofitam effe legitimam fyluestrem thymbram. Quo pacto enim noftrum maius tragoriganum thymbra effe poterit Diofcoridis?cum tragoriganum thymo neq. magnitudine, neq. folijs, neq. floribus , neq. fapore, & odore fimile fit,quam fimilitudinem in-

Liber Primus. L quit

quit thymbram habere cum thymo oportere. Etenim tragoriganum thymo maius est, ipsoq. & non minus ramis duris constat foliaq. longè maiora thymo habet, & non minus dura, præterea non habet spicas florum plenas, vt expressit Dioscorides de thymbra nāq. flowes in ramulis per interualla circum simul non spicæ modo, sed vt in marrubio cernimus. Quibus nostrum tragoriganum thymbram Dioscoridis esse quidem non poterit.

Stratiotes

Stratiotes millefolia Cretica.

L 2   Stratiotes

De Stratiote millefolia Cretica . **Cap. XXXVIII.**

Tratiotes millefolia in Creta Insula nascitur circa semitas multò differens ab ea, quam haĉenus herbarij cognouerint. Frutex est cubitalis ferè altitudinis, ab vna radice producens caules multos longos, rectos maiori ex parte obliquè sursum actos, rotundos lanugine candida, pubescentes cortice tenui exterius candido, intus vna cũ ligno flauescente folijs ordinatis spatijs, caulibus circum alternatim rarius inhærentibus, longis vtrinq. foliolis, paruis, densis, vt in Acaciæ Aegiptiæ, positis, albicantibus, at minus quam rami in summitatibusq. ipsorum vmbellæ anethi modo floribus candidis tanaceti proximis apparent. Caules verò ipsorum multi nondum adulti, vt floreant, sed instar germinum potius à medio vsq. ad extremum, eodem ordine quo solia inhærent ramis circum habent præterdicta folia longa, ex quorum radicibus producunt ramulos tenues, breuiores quã ipsa folia sint, candidos, n extremo ferentes veluti germen cãdidum, tomentosum multis foliolis, quippe sex, septemuè breuibus crassis sempernui minoris, seù vermicularis simil.bus germinis modo ab eodem ortù prodeuntibus simulq. stipatis, refertum. Hi verò surculi à medio vsq. in extremum densè ijs tomentosis germinibus vestiuntur quolibet germine ex ijs habente in exortù vnum vel duò folia longa ex ijs quæ in alijs caulibus cernuntur. Hanc sanè stirpem Græci omnes vocant stratiotem chiliophillam, proq. vero stratiote millefolia accipiunt, atq. ex vsu in medicina eam antiquorum esse legitimam putant præsertimq. cum istiuscæ plantæ notæ maximè conueniant cum ea, de qua Dioscorides ita scripsit. Stratiotes chiliophyllos exiguus frutex palmi altitudine aut amplius assurgit, folijs auicularum pennas imitãtibus breui admodum dissectoq. foliorũ exortù. Folia syluestre cuminum simulant, præsertim breuitate, atq. scabritie, breuiora, paulò densiore vmbella, & pleniore, surculos in cacumine gerit exiguos & capitula in modum anethi, flores paruos, cãdidos. Nascitur in

asperis

asperis agris precipuè circa semitas. Eximii vsus ad vlcera recē-
tia, inueterataq. profluentem sanguinem & fistulas. Nō pos-
sum nō fateri ex hac Dioscoridis descriptione difficulter posse cognosci stratiotem chiliophyllum quò herbarum scriptores merito ambigunt de planta quæ pro stratiote militari sit
recipienda. Dioscorides ne verbum quidem de totius plantæ
tomentosa lanugine candida, foliorum cognitio admodum
confusa videtur, Plinius suum millefolium esse vnicaulem statuit cum nostrum numerosos habeat, Dioscorides vmbellarum capitula esse in modum aneti, cum longè maiora tanaceti similia videātur. Suspicor ex iis textum Dioscoridis non esse sine vitio, ex quo istiusce plantæ merito cognitio reddita est
confusa. Crediderim tamen hanc nostram plantam propositā
esse legitimum stratiotem chiliophyllum, & quod Græci eā
(vt etiam Honorius Bellus in epistolis ad C. Clusium scriptis
non negat) μυριόφυλλου vocent, & quod hæc planta frutex sit, &
quod folia auicularum pennas imitari videantur, neq. foliola
figura à cumini syluestris abhorreant, sit vmbellifera habeat-
que vmbellas densas, & plenas, in ipsisq. flores cādidos, & eos
vsus in medendo, habeat, quos expressit Dioscorides ad vlcera ad fistulas; atq. ad sanguinis profluuium, tota planta argenteo colore spectatur, modicè adstringit, cum quadā amaritudine quo siccat, calefacit, detergit, adstringit, conglutinat
vlcera, roboratq. Folia trita ad drachmam ex vino austero dā-
tur vtilissime ad Cruentam expuitionem non minusq. etiam
ad muliebre profluuium atq. ad menses immoderatius pro-
fluentes. Idem potest succus foliorum in pessis inditus, atque
epotus Gonorrheam nō gallicam itidem sanat eodem modo
epotus. Puluis foliorum aspersus & succus etiam illitus vulnera recentia conglutinat, & vlceribus antiquis vel etiam fistu-
losis remedio est, & hæc de Myriophyllo Cretico dicta sint.

Gaidaro.

Gaiduro thymum.

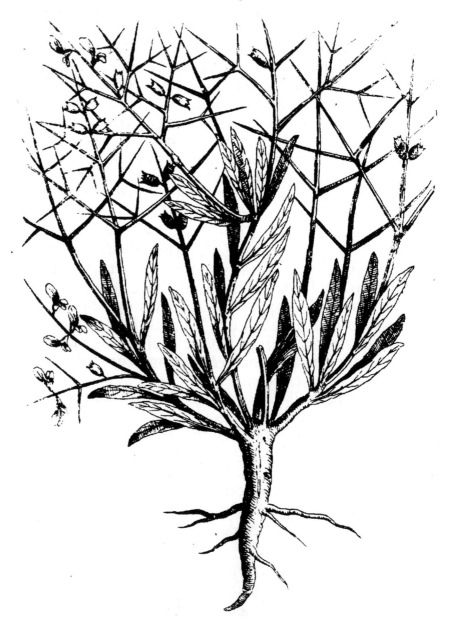

De Gaidaro Thymo. Cap. XXXIX.

Oua quoq. planta in Cretæ locis aridis nascitur quam Gaidarothymum Cretenses vocant id-est asininum thymum, sortè quod eò pabulo asini delectentur, nihil enim cum thymo conuenire videtur. Fruticat semicubitum alta in orbem terram versus diffusa multis spinis, horrida, folia habet non multa, longa, digiti minoris latitudine aliquantulum in extremo acuta, absq. petiolis ramis adhærentia, quæ vndique ramos inordinatim vestiunt qui quadranguli sunt cinerei coloris sicuti folia, ramuliq. vtrinque exeunt in spinas veluti paruas multasq. cruces facientes, quæ spinę durę sunt atq. acutæ. Flores serè in ramorum summitatibus producit vtrinq. in ramis ex opposito vni, vel bini saluiæ floribus, & colore & figura minor·s tamen & inodori, & insipidi sunt simul cum tota planta. Radice hæc planta nititur longa ligno sa, cuiusuis & odoris, & saporis experte. Hæc planta primum descripta est à Bello, & postea à Clusio quam diligenter, cui placuit stachyn spinosam hanc plantam nominari, & cum cuius vis & odoris. & saporis sit expers non video, vt possit stachys, nisi eam stachym, ex foliorum figura inodorā & spinosam vocare voluerimus.

In Epist. Honorij Belli ad Clusium.

Ladanum

Ladanum Creticum.

In Creta

De Ladano Cretico. Cap. XL.

IN Creta Infula nafcitur vbiq. locorum fere ci-
ftus, ladani-ferus, ex quo Cretenfes ladanum
colligunt, tantopere vfui, & medicinę, & odo-
ratorum fuffituum cognitum. Hæc planta
fruticat ab vna radice multis ramis, longis, li-
gnofis, duris, ad cubitalem, ac etiam ampliorē
altitudinem, cifti maris foliis, fed longioribus, faluię proximis, ramis æqualibus fpaciis adhærentibus, plerumq. ex oppofito binis aut pluribus etiam ab vno exortu prodeuntibus,
odoratis atq. per ęftatem manibus, ex quodam lentohumore,
maximè adhærentibus. Flores verò in cauliculorum cacumine exeunt purpurei, cifti floribus quàm fimiles, fed maiores
tamen, à quibus filiquæ paruæ, rotundæ, oblongæ, inuolucro
rotundo contentæ, colore nigrefcentes, minuta femina nigra continentes. Tota planta eft odorata, adftringens, cum
humiditate vifcidâ odoratâ, præfertim foliis inhærens verno tempore, ex quo patet Cretenfes ex hac planta ladanum
colligere. Non autem ex illa, quam Andreas Matthiolus, &
alii pro ladano receperunt, quæ planta habet folia ionga, tenuia, in acutum definentia, foliis falicis quadantenus fimilia,
cui etiam plantæ quodam anni tempore humorem lentum,
odoratum, inhærere, multi ex recentioribus obferuaffe tradiderunt. Nos verò complures plantas ex iis, quæ cifti-ledi genere comprehendi herbarii voluerunt, in variis locis vidimus,
cuiufuis vifcidæ humiditatis prorfus expertes. Quo cognouimus eam plantam minimè effe ciftum ledum Diofcoridis: at
hanc noftram, quam defcripfimus. Cuius opinionis fuiffe quoque vifus eft Petrus Bellonius, qui cum in Creta Infulã plan- In 1. lib.
tas perluftraffet faffus eft ladanum non ex vulgati cifto-ledo, Iun. ob
fed ex aliã plantã cifto nuncupatã ita enim de ea fcripfit: Non feru. c. 7.
colligitur (ladanũ) è ledo, vt veteres exiftimârunt, fed ex aliã ar-
bufculã cifto nũcupatã, cuius tanta eft abundantia, vt eius re-
gionis montes ifto veftiantur. Natura ea eft vt defcrentibus
floribus vernis, abiectifq. hybernis foliis, nouis frõdibus ami-

Liber Primus.   M   ciatur

ciatur quasi lanugine pubescentibus in proximam æstatem,
quæ per Solis æstus vliginoso quodã rore pinguescunt, quoque ardentiores sunt calores, tanto abundantior ille ros foliis
innascitur. Quare colligimus plantam ex quo ladanum colligitur non esse cistum ledum, sed hanc quam descripsimus,
quam multos annos Patauii in fictilibus conseruauimus, atq.
etiam nunc alimus. Quo tempore etiam in quo eam insulam
perlustrauimus hanc ipsam stirpem ladanum esse à Creten-
sibus accepimus, atq. ab ea Indigenas ladanum colligere, Ad-
dimus totam plantam esse odoratam, & post vernos calores
humiditate illa viscida, odorataq. refertissimam, demum cõ-
firmari hanc nostram opiniouem vel ex eo posse credidimus,
quo aperte Dioscorides vbi expresserat cistum marem habe-

In 1. de
materia
med. ca.
130.

re folia rotunda de cisto ledo ita subiunxerit, Est & alterum
cisti genus, ledum à nonnullis appellatum frutex simili modo
nascens longioribus foliis & nigrioribus, quæ verno tempore
quiddam contrahunt pingue, quibus recentiorum nonnul-
los deceptos fuisse haud leuiter suspicatus sum; ex quo Dioscorides dixerit, ledum habere folia cisto longiora, sibi ipsis
persuasum fuit eam plantam cisti ledi vocati ab ipsis esse cistũ
ledum. Qui sanè neq. parum hallucinati fuerunt, quoniam ledum ab ipsis vocatum habet folia tenuia, longa, nullatenus figura cum cisti foliis, quæ Dioscorides inquit esse rotunda cõ-
uenientia, vnde Dioscoridem per cistum ledum intellexisse
plantam credidimus in aliis à cisto differentem, quam quod
habeat folia cisti, sed longiora quidem, quæ verno tempore
humido pingui, odorato infarciuntur. Ex quibus ladanum
colligunt. Nos cisti plantam ledo vidimus prope Clodiam ciuitatem in agro iuxta Brundulum, & foliis, & floribus purpu-
reis totoq. frutice simillimum hoc excepto quod nullo tempore ipsius folia habet pinguem, odoratamq. humiditatem,
modum quo Cretenses ex hac planta colligũt ladanum inter
pigmenta odoris causa maximè expetitum, & commendatũ,
& Dioscorides docuit, & ex recentioribus Petrus Bellonius in
primo libro suarum itinerarium obseruationum. Folia ledi
efficaciter adstringunt, siccant, quo ad sanguinis profluuium
& sputum cruentum, atq. ad alias immoderatas fluxiones,

euacua-

euacuationeſq. cohibendas maxime laudantur. Ladanum ve
ro quod ex ea planta coll igunt optimum eſt, odoratum, ſub-
uiride, facile molleſcens, pingue, quod arenas non collegit,
nec ſquallore obſitum eſt, reſinoſum, natura ei ſpiſſandi ex
Dioſcorides calefaciendi, emolliendi; Galenus ſcribit hanc ci-
ſti plantam, à regione in qua naſcitur eximiam, peculiaremq.
digerentem caliditatem nactam fuiſſe, ladanum vero calidū
ad ſecundum ferè gradum eſſe, & habere paululum adſtri-
ctionis, eſſeq. tenuis ſubſtantiæ moderate emolliens, ariterq.
digerens, & concoctorium. Defluentes capillos retinet, ſi cū
vino illinatur cutis, aut ſimul cum mirrha, & oleo myrtino,
ex mulſo diſſolutum inſtillatur in aures ad tollendum acutū
dolorem vtiliſſime, idem facit, & cum roſaceo diſſolutum,
ex vino verò cicatrices emēdat. Suffitu in enixis ſecundas edu
cit. Inditum autem peſſis vteri duritiem emollit, aluum ſiſtit
cum vino antiquo epotum, & vrinam mouet, vſum non minus habet ad vnguenta odoratiora paranda.

Chame-

Chameciftus

De Chamecisto. Cap. XLI.

Xiguè fruticat chamæcistus vocata planta elegantissima ab vna radice magna, in tres diuisa, longa, crassa in acutum desinenti, nullis ab ea pendentibus fibris, colore nigrescente, quæ radix si ad stirpem comparetur longè maxima videtur, Ab hac radice exeunt caules multi breues, qui in alios ramulos non diuiduntur, qui foliis cisti ledi longiusculis ferè crispis binis, vel quadrimis ab eodem exortù inuicem oppositis æquali interuallo positis vestiuntur, & in cacumine flores cisti, sed minores purpurescentes, à quibus paruæ siliquę oblongè nigrescentes, quæ minuta semina fuluescentia continent. Viribus atque vsibus ad cistum accedit, vnde refrigerant folia primo excessu, siccant secundo, adstringuntque efficaciter, quo ad quodcunq. profluuium vel sanguinis sit, vel excrementorum, foliorum decoctum, & etiam puluis tritus ex vino austero maxime commendatur.

Pseudo

Pſeudo ciſtus ledum.

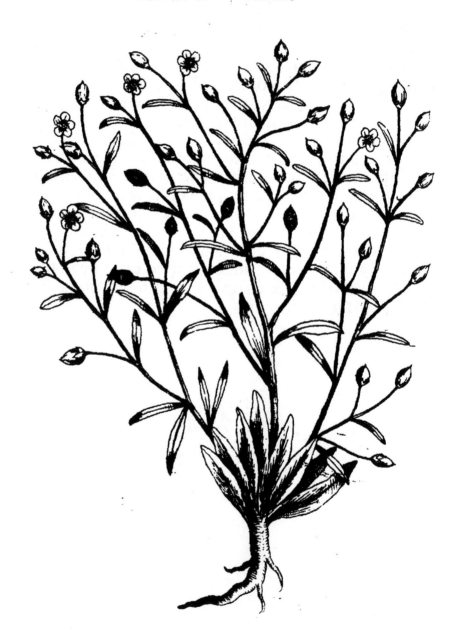

De Pseudo cisto ledo. Cap. XLII.

RO Pseudo cisto accepimus plantam, quæ ab vna
radice longa crassaque mittit plures surculos re-
ctos, rotundos, graciles, foliis fere ligustri, sed minoribus ¦longis¦interuallis paucissimis, vestitos ,
qui vtrinq. inordinatim in plures paruos surculos
diuiduntur, in quorum summitatibus flores cisti
floribus, longè minores apparent, à quibus siliquæ, rotundæ,
oblongæ, in acutum definentes, nigræ minutum semen continentes. Tota planta inodora, & insipida est. An quicquam
hæc planta cisti ledi habeat, non audeo affirmare.

Pſeudo ciſtus ledum. alter.

Pſeudo

De Pseudo cisto ledo altero. **Cap. XLIII.**

Seudo ladanum etiam alterum Creticum delineatum hic damus, quod sanè herba est fruticosa ab vna radice parua, cauliculos plures,
molles, obliquorū foliis myrti, sed minoribus,
& mollibus, in nigrum albicantibus, vtrinq̃. binis, caulē certis interuallis ambientibus, à qui-
bus foliis simul exeunt flores albicantes parui, à paruis petiolis pendentes, quibus succedunt foliculi parui, rotundi, in acutum desinentes, ciceris magnitudine, colore flauescentes, qui
semina minuta continent, colore itidem flauescentia. Facultates atq. vsus noñ planè latent.

Hyoſcyamus Âurcus.

Naſcitur

De Hyofcyamo aurea. Cap. *XLIV.*

Afcitur in Creta Infula Hyofcyami plãta, quæ producit ab vna radice multos caules longos, tenues, furfum oblique actos, quadam veluti lanugine obfitos, fragiles, herbaceos, quos folia non plura hederæ terreftris magnitudine, & figura quadantenus, ad hyofciami lutei cretici folia, inclinantia, molli veluti lanugine obducta, ambiunt. Flores verò & in caulibus, & in ipforum cacumine producuntur parui, aurei, ex paruis citinis, non duris, leucoiis luteis ferè fimiles, fed tamen maioribus quinq. foliis impari magnitudine ex interna parte deficientibus, vnde ex ea parte quafi dehifcat, In medio autem floris, scilicet vmbilico, veluti oculus niger confpicitur, à quo quafi à centro ad circumferentiam quędam filamenta parua carnei ferè coloris diffunduntur. Flos haud congratum odorem refpirat. His floribus fuccedunt parmi citini herbacei coloris, nigri hyofciami multò minores, non duri, femina minuta colore flauefcentia, continentes. Radix eft parua, longa, craffa, mollis ac tenera, plantae ft perennis. Hifce notis cuilibet innotefcet au reus creticus hyofciamus. Diofcorides, tria hyofciami genera reperiri, tradidit, quippe nigrum, ex nigro feminis colore, quod tamquam venenum exitiale ad vfum medicinæ damnatur. Subflauum ex femine fubflauo, quod etfi ipfum etiam ad vfum medicamentorum quadantenus damnatum fit, quia ambo infaniam, deuorata, excitant, & foporem; tamen albi hyofciami loco à pharmacopeis accipitur, quoniam album ferè vbique locorum hac noftra ætate defideratur. Quod etiam antiquis rarum medicamentũ fuiffe ex Diofcoride intelligitur, cum dixerit fuo tempore, pro albi hyofciami fubftituto fuiffe in vfu fubflauum, vel fubrubrũ vocatum. Nos vero de albo hyofcyamo in altero libro agemus accuratius. Verum enimuero aureo hyofcyamo altera planta quæ fert flores luteos, etiam in Creta infula nafcens, & femina flauefcentia producens, fuccedit. Quarum duarum plantarum, femina flauo colore cernuntur, & eapropter cum

N 2 erro-

errore pro albo hyoſcjamo noſtri pharmacopęi iis ſeminibus

In lib. 8.
ſimpl.

vtūtur. Galenus de omnibus hyoſcjamis perbellè ita inquit,
Hyoſciamus, cui ſemen nigrum eſt, inſaniam ac ſoporem af-
fert, ſed is cui ſemen mediocriter flauum eſt, propinquam ei
facultatem poſſidet. Verùm vtriq. fugiendi ſunt, vt inutiles,
& venenoſi, ſeu deleterij. Cœterum cuius ſemen ac flos candidus eſt ad ſanationes vel maximè idoneus eſt, ex tertio quodammodo ordine refrigerantium. Porrò, flos eius quidem,
cui ſemen eſt nigrum mediocriter purpureus eſt, eius vero,
cui eſt ſubflauum leuiter mali colorem refert: ex iis cognoſci-
tur, Galenum hunc noſtrum aureum Hyoſcjamum latuiſ-
ſe, quoniam eſt & ipſe producens ſemi flaueſcentia, ideſt, ex
hyoſcjami ſecundo genere, qui tamen fert florem aureum,
ſed tamen vti diximus vterque & aurei coloris, & ad luteum,
ſeu mèlius, vt inquit Galenus ad mali colorem accedens vnico genere ex ſeminibus comprehenditur, quippe ſubflaui,
quod Dioſcorides expreſſit, eſſe ſeminis ſubflaui, & floris lutei, ad luteum enim colorem & aureus, & mali ad colorem accedens, accedit. Mirari vehementer non potui hanc plantam,
quæ flores luteos, dilutos, ſiue albicantes habet viros complu
res, alioquin doctiſſimos pro albo hyoſciamo accepiſſe, (quā
Mattheolus pro albo hyoſciamo etiam pictam dedit) cum ex
colore & ſeminis ſubflaui, & floris ad mali colorem inclinantis ſit procul omni dubio Hyoſciamum ſubflauum. Albus in
Aegypto naſcitur qui verè in ſeminis floriſq. colore albicat,
de quo nos in altero libro (Deo fauente) agemus. Sed ad aureum Hyoſcjamum Creticum redeo. Quam plantam eſſe
ſubflauum Hyoſcjamum, cum ex ſeminis colore ſubflauo, tū
ex flore luteo audeo affirmare, tametſi C. Cluſius eam pro
Hyoſcjamo albo acceperit ex Iacobo plateū; Sed ſi vidiſſet ſeminum colorem ſubflauum, in eam non veniſſet ſententiam.
Hyoſcjamus, & niger, & flauus refrigerat quarto, exceſſu, ſic-
catq. ynde partes corporis immodicè refrigerando ſtupefacit,
ſenſumq. adimit, ex quo narcoticum cum ſit dolores acutos
compeſcit. Antiquitas habuit in frequenti vſu ſuccum albi
Hyoſcjami extractum, aut ex ſemine recenti, caulibus folliſq.
contuſis, aut ex ſicco ſemina aqua calida macerato & contu-
ſo, ad

ſo, ad dolores acutos demulcendos, præſertimq. oculorum, vnde collyria ex eo parabantur, & ad aurium itidem dolores acutos, qui vſus tamen horum medicamentorum ſenſum doloris adimētium, quæ narcotica græcis dicta ſunt, optimis profectò medicis ſemper haud leuiter fuit ſuſpectus. Etenim facultatem ſentientem in corporibus diminuere, numquam non damnoſum eſt. Sed de albi Hyoſcjami vtilitatibus in altero libro accuratius.

Roſmarino

Rosmarinum ſtœcadis facie.

Planta

De Rosmarino stœchadis facie. Cap. X L V.

Lanta elegantissima mihi ex seminibus Creta mis-
sis pro sticade nata est, quæ ab vna radice lignosa,
tenui, in multas diuisa emittit caulem qui propè
radicem in tres, aut plures surculos diuiditur longos, sursum obliquè actos, vel geminos, aut tres
etiam aliquando longos, rotundos, obliquè sursum actos, qui
hinc inde inferius ramulis ex opposito positis ambiuntur, à
quibus eodem modo alij surculi parui recti exeunt, superius
vero caules primarij vtrinq. & ipsi, & surculis alijs veluti te-
neris germinibus ex opposito ordinatim positis, & folijs vestiuntur, summitates enim folijs vestiuntur longis, tenuibus,
in acutum desinentibus, surculis absq. petiolis inhærentibus,
crebris vtrinq. ex opposito positis in obscurum albicantibus,
odoratis, sticadis maxime similibus. Totaq. planta sticadi ita
conspectui similis videtur, vt omnes sticadem esse dicerent.
Flores vero in summitatibus inter folia emicant singuli ex folijs singulis, exeuntes, parui, & magnitudine & figura, & colore floribus rorismarini coronarij similibus à suis petiolis pendentes, quibus deflorescentibus succedunt, singulis, techa parua rotunda, piperis magnitudine & minor etiam ex viridi colore albicans intus minuta semina continens. Tota hæc planta obscurum respirat odorem foliorum sticadis proximum,
sapore vero adstringit, aliquantum amarescens cum obscura
caliditate; Vnde viribus accedit ad sticadem, sed longè ineffi-
cacius, quam sticas incidit, extenuat, detergitq. crassos humores, in roborando vero sticadis vim superat. Verum ipsius ad
medicinam vsus, mihi planè sunt ignoti. Perpetua planta est.

Arundo.

Arundo Graminea aculeata,

Arundo

De Arundine graminea aculeata. Cap. XLVI.

Rundo graminea aculeata naſcitur in ea inſula, preſertimq. in locis humidis ſupra terram ſerpens mirę quidem longitudinis, vt longius quam quinque cubitibus ſerpat, multis ramis, calamos æmulantibus ab vna radice exeuntibus, digiti craſſitie, rotundis, arundinaceis, geniculatis, inter quos medius cæteris tāquam caudex craſſior eſt, & longior, qui hinc inde vtrinq. longis interuallis à ſingulis geniculis, caules producit longos, graciles, geniculatos, quorum maiores ex vna parte à ſingulis trinis geniculis cauliculos paruos graciles, quatuor numero, vel ad ſummum ſex itidem promunt, qui à ſingulis geniculis folia vtrinq. exeunt, inferius lata, (qua latitudine vndiq. calamum à geniculo, ad geniculum veſtiendo oculant) & ſuperius gracilia, parua, graminea, dura, ſpinarum modo in duros aculeos deſinentia, ex quo hæc planta tota aculeis multis inſtar ſpinarum horret, Caules etiam alij omnes à radice proſilientes eodem modo, & ſurculos producendo, & ad folia ſe habent. Plāta ſterilis ex toto eſt, neq. florem, neq. fructum, neq. ſemina producens; Nititur breui radice, digiti pollicis craſſitie, à qua pauculæ radiculæ itidem breues fibroſę exeunt. Ad nos hanc plantam qui miſerunt, ipſam arundinem repentem aculeatā, nominarunt. Verè profectò caules iſtius plantæ arundinacei, aut calamacei apparent, habentes à geniculis ad geniculos calamos, duros, potius ad arundinaceam ſubſtantiam, quam ad gramineam accedentes. Ex folijs verò magis ad gramen, quā ad arundinem hac plāta accedere videtur. atq. etiam viribus, quod ferè inſipida ſit, cum leuiſſima acrimonia, quo temperate frigida, et ſicca primo gradù erit, eſſentię cuiuſdam tenuitatis; At vſus ſunt ignoti.

Thlaspi clipeatum arborescens Creticum.

Tlaspi

De Thlaspi Cretico arborescente, clypeato. Cap. XLVII.

THlaspi plantam accepimus arborescentem, cubitalis altitudinis, ramulos multos à breui caudice digiti craffitie producentem longos, rotundos, ligno
fos, à quibus alii ramuli exeunt, qui in fummitatibus vtrinq. ex oppofito flofculos paruos, albos habent, cre-
bros, à quibus filiquæ paruæ oblongæ depreffę fcutorum figura à fuis pediculis paruis pendentes, femen intus continentes rotundum, depreffum, acre, ramuli fuperius folia pauca
habent longa incana, tenuia in extremis acuta, fed ramuli inferius ferūt furculos tenues, multos, ex quorum vna parte fo
liola oblonga, tenuia, denfa, fimul ftipata, pendent, quę incana
funt. Radice nititur hæc planta multiplici, tenui, lignofa, inuti
li, femina acria funt, calida & ficca fupra fecundum exceffum
tenuis effentiæ, quæ epota vrinam efficaciter mouent, vtilia
funt ad excrementa in pulmonibus expectoranda.

Verbasculum saluifolium.

Nascitur

De Verbasculo saluifolio. Cap. XLVIII.

Ascitur planta pedalis altitudinis, ab radice ramosa, quippè ramos quatuor vel plures ferens quadrangulos, duros, lignosos, rectos, incanos veluti albo tomento, obsitos, aspero, Qui vtrinq. ex opposito ramulos producunt tenues. Folia alba tomentosa saluiæ similia, sed minora in longum rotunda, magnis interuallis trina simul ab eodem exortu prodeuntia sine petiolis, circa caulium summitates circum vestiunt ipsos per interualla, flores multi in longis techis tenuibus simul stipati vt in marrubio, aurei, saluiæ floribus figura simies, à quibus succedunt semina oblonga, nigrescentia, radicem habet in plures, tenues longasq. & lignosas, diuisa. Tota hæc planta aspera lanugine candicat, sapore stiptico gustum inficit. Nos habemus stirpem bicubitalem, & ampliorem huic in omnibus similem, quam pro verbasco syluestre, seu saluifolio in horto medico Patauino alimus, quadruplo hac nostra planta maiorem. Quod vero hoc nostrum verbasculum non abhorreat à verbasco syluestri Dioscoridis, quisq. intelliget, vbi memoria habuerit, quæ Dioscorides de eo verbasco ita scripsit: Syluestre folia fert saluiæ, altas virgas & lignosas, & circa eas ramulos quales marrubium, flores luteos auri æmulos. Namq. nostrum verbasculum folia fert saluiæ non dissimilia, & ramos altos lignosos floresq. luteos auri æmulos, sed vnum est apud Dioscoridē quod dubiū facit, quippe quod dixerit habere ramos circū virgas veluti marrubiū, at virgæ marrub. j nullos ramulos ferunt, sed folia, quo Andreas lacuna ait rectiùs in veteri codice Græco legi, folia saluiæ similia, cū cum virgas in orbē habeat, vt marrubium, sed cum marrubium neq. folia circū virgas in orbem habeat, neq. hoc dixisse potuit Dioscorides: crediderum ego de florum paucis inuolucris forè intelligendum, cum & in marrubio, & in verbasco syluestre circum virgas sint calices siue folliculi florum simul in orbem stipati, vnde postea expressit. De floribus esse luteos aureos Dioscorides ait Flores aureos capillos tingere, atq. folia ambustis esse remedio, Galenus inquit: folia habere vim moderate digerend., & siccandi.

In lib. 4. de materia med. c. 105.

Rubea

Rubea arborefcens.

Rubea

De Rubea arborescente. Cap. XLVIIII.

Rbea ad arboream accedens nascitur in Creta, non aspera, sed lenis quæ caudice constat breui, vt digitus, crasso, à quo multi exeunt rami recti, rotundi, lenes, per æqualia interualla folijs breuibus, rubiæ minoribus quinq. vel sex numero, stellarum modo circum positis lenibus, vestiti, à quorum cacumine à soliis exeūt duo vel tres surculi graciles in alios quoq. diuisi in quibus vtrinq. ex opposito flosculi parui albicantes cernūtur rubiæ non dissimilibus, quibus succedunt semina minutissima nigricantia. Radix parua oblonga crassa in radiculas alias diuisa rubei coloris. Tota planta nihil asperitatis habet, amarescit radix cum quodam austero sapore, quò non dissimilis facultatis ab eritrodano iudicata est. Proindeq. habere facultatē purgatoriam, qua & iecur & lienem purgat multā crassamq. vrinam mouendo, menses quoq. cit, nec non ea ratione iuuat quoq. articulares morbos, præsertimque coxendicos dolores, atque uon minus ictericos sanat.

Horminum

Horminum Creticum,

Hormi-

De Hormino Cretico. Cap. L.

Orminum Creticum est planta, quæ folia fert complura humi procumbentia marrubio similia, sed tamen multo maiora, & longiora, nigrescētia, minus crenata quasi tomento quopiam obducta, caules producit rectos pedalis altitudinis & ampliores, multos, quadrangulos, nigricātes, subasperos, in quibus per inter ualla vtrinq. folia apparent ex opposito absq. petiolis caulibus inhærentia. In ramorum siue caulium summitate quatuor aut sex primo foliola, parua oblonga, tenuia coloris violacei florum modo ab alijs folijs planè diuersa cernuntur, veluti elegantissimi flores violacei. Flores vero ex interuallis parui in caulibus verticillato ambitu vt in marrubio asperi, violacei dilutioris coloris, quibus succedunt semina nigra, parua, oblonga, minuta, in paruis longis folliculis deorsum inflexis. Radix parua tenuis, lignosaq. est, in alias radiculas diuisa. Hanc plantam esse horminum satiuum Dioscoridis: Andreas Cesalpinus in libro 11. de plantis haud iniuria affirmauit cum in hac planta ne vel vna quidem nota desideretur, ad satiuum horminum constituendū. Dioscorides de istiusce plantæ vsibus ad medicinam, inquit semen tritum ex melle epotū venerem maxime stimulare, & ex melle itidem illitum purgare argema, & albugines oculorum. Ex aqua quoq. illitum tumores digerit, eodemq. semine detrito, & imposito extrahuntur aculei corporis partibus affixi, ad quem vsum magis quidem hormini syluestris herbam tusam, & appositam laudauit: Hæc planta est perennis, viuitq. nata ex seminibus etiam in Italia, sed hyeme, vehementer frigida exharrescit. Præterita enim hyeme, quæ diutius vehementi frigore afflixit peregrinas plantas, innumeras in nostro Patauino horto hormini nostri interemit stirpes, quas tamen ex seminibus iterum restituimus.

Leontopodium.

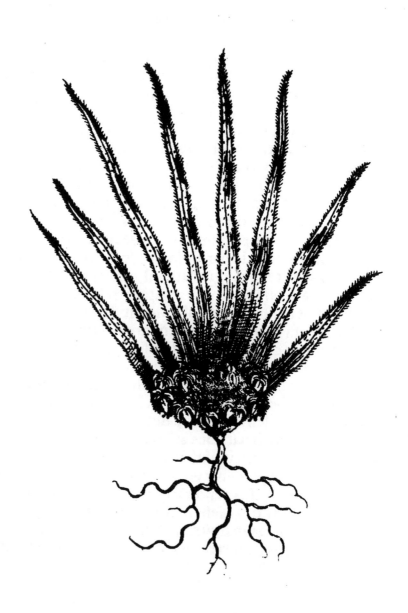

Vere

De Leontopodio. Cap. LI.

Ere quidem leontopodium vt inquit Dioscorides, herbula pusilla est digitalis, foliola quinq. vel septem ferens ab radice exili longa, gracili, tenui, ter aut quatuor digitos longa, hirsuta, quæ iuxta radicem spisso flocco canescunt, & in acutissimum desinentia, Interfolia iuxta radicem aliquot capitula à suo cauliculo deorsum tortuosè inflexa, in quibus flos niger, & postea succedit semen vsque adeo spissa lanugine inuolutum, vt vix erui queat. Sæpius ex Creta plantam siccam accepi, quæ postea ex semine nata nullis reclamantibus notis leontopodium refert. At vnum addendum videtur, quod de Catanáce expressit Dioscorides, scilicet hanc plantam arescentem in terra flecti & se contrahi ad spetiem vnguium milui exanimati: quam plantam merito Bellus probat esse leontopodium, & non catanancem, cum hæc planta non habeat folia coronopi, neque semina orobi ferat, at potius psyllis. Verum crediderim ego fortasè leontopodiũ, & catanancem, aut eandem esse plantam, aut saltem specie non differræ, cum præsertim Dioscorides de vtraque locutus dixerit ad amatoria expeti.

Argentea

Plantam

De Argentea. Cap. LII.

Lantam Creticam fine nomine accepimus, quam libenter argēteam ex colore argēteo, quo ipfa vndique fplendet, nominare libuit; Herba femicubibitalis & amplior cernitur tota candido tomento molli obfita. Foliofa eft multa fcilicet folia proferens longa ab vna radice parua tenui & à caule longo, figura ad paftinacę hortenfis quodam modo accedentia, fed longe minora, tota tomento albo molli & candido, obfita. Caulis à radice fertur femicubitalis quadrangulus rectus, totus candidus, intus habens medullam albam, mollem, leuem, non leuiter amaram. Iuxta verò & foliorum principium, & à caule cauliculi multi recti, quadranguli, qui in cacumine habent calyces rotundos latos flauefcentes, paruis fquammulis obfitos, cyanis fimiles, fed breuiores, & craffiores, in quibus, flores fimiles cernūtur, aurei, qui in pappos poftea refoluuntur. Planta tota amarefcit cum aliquali ftipticitate. Quidam dixere habere vim purgatoriam, at de ipfius vfibus ad medicinam quicquam certi non habeo.

Leuoium

Leucoium luteum vtriculato femine.

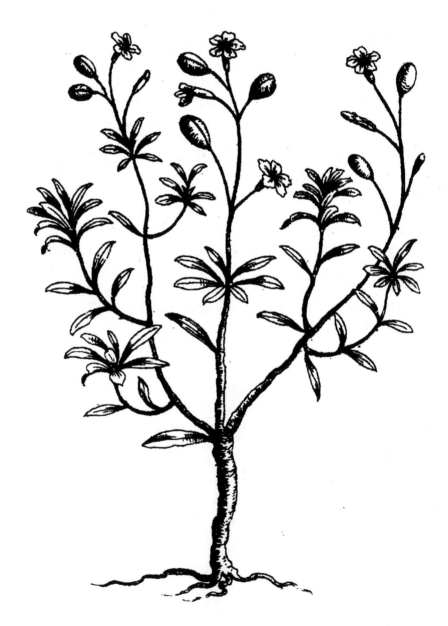

Leucoium

De Leucoio luteo, vtriculato femine. Cap. LIII.

Eucoium luteum Creticum frutex eſt pedalis altitudinis ramulis multis ab radice tenui lignoſa, in paruas radiculas diuiſa, exeuntibus, rotundis, albicantibus, aſperis, in quibus folia multa circum ramulos denſa, ſimulq. ſtipata, alba, leucoij vulgaris minora, in extremis latiora, aſperis pilis obſita, dura, quæ in germinum faſtigijs in orbem veluti aguntur. Ramuli in ſummitatibus, vt in noſtris leucoijs flores producunt plures circum ſtipatos à ſuis longis pediculis pendentes, luteos quinquæ folios paruos, à quibus fiunt folliculi rotundi colore flaueſcentes ſemina ſuis loculamentis continentes, leucoijs ſimilia, ſed latiora tamen, albicantia. Planta non eſt annua.

Leucoio

Leucoium Ceruleum marinum.

Herbula

De Leucoio caruleo marino. Cap. *LIV.*

Erbula perelegans viridis atq. mollis supra ter-
ram luxuriosè serpens, cauliculis multis, ab v-
na radice parua, tenui, exeuntibus oblique hinc
inde humi procumbentibus, folijs leucoij lutei, sed mollibus atq. coloris herbacei in extremo latiusculis. Flores vero elegantes cærulei,
inodori, plures, in caulium summitatibus cernuntur, leucoijs
planè similes, tota enim planta elegantissimis floribus luxuriat, quibus succedunt siliquæ longæ leucoijs similes, semen
nigrum minutissimum continentes. Hæc planta verno tempore incipit ex seminibus ferè subito nata florere, & flores
perseuerant per totam ferè æstatem, quoad planta exarescit.
Annua enim est. Nullius vsus, quod sciam, ad Medicinam esse creditur.

Verbaſculum Syluestre Creticum.

Nomine

De Verbascula sylnestri Cretica. Cap. LV.

N Omine Arcturi ad me sæpius ex Creta insula
missa est elegantissima planta herbacea, folijs
verbasci sylnestris, sed nõ ita albicantibus, mollioribus, lanugine alba obuolutis, caule vnico,
à radice, recto, longo, quandoque cubitali, qua-
drato, gracili, exorgit multis pediculis paruis
flores aureos, blattariæ nostrati similes, prædito, floribus succedunt folliculi rotundi, parui, piperis magnitudine nigra, minutissimum semen nigrum continentes, ex toto blattariæ similes. Quibus sanè non arcturus hæc planta erit, vt nos eo nõ
mine accepimus, sed siluestris verbasci genus, quam plantam
Plinius à Romanis Blattariam vocari tradidit, inquitq, esse plãtam verbasco similem, folijs minùs albis præditam, floribus
aureis. Quod verò ad blattarias vulgares hæc planta referri
possit, à ratione non abhorrere videtur, cum hæc sit verbasco
similis, floresq, folliculos, atq, semina ita similia, vt eadem ferè esse videantur. Quo non rectè ab aliquibus arction, siue ar-
cturum creditum fuisse, constabit. In Italia semina sata facilè
nascuntur, & planta etiam lætiùs viuit, modò ab hyemali frigore tueatur. Quibus verò viribus, vel vsibus ad medicinam
prædita sit, nondum deprehensum à quoquam est. Eius singularis elegantia videtur solummodo in florum aureo splendo-
re posita. Hanc Ioanes Pona, Veronensis, in simplicium medicamentorum studio maximè eruditus, ex Honorio Bello
in suo Baldo accuratissimè descripsit, ipsiusq, & imaginem
dedit, quæ aliquantulùm differens à nostra visa est. Vnde fortasse istiusce eiusdem plantæ varias differentias obseruari
haud erit inconueniens.

❦❦❦❦
❦❦❦❦

Cardus

Cardus pinea Tcophrafti cum radice.

Cudu

Cardui pineæ Figura altera fine radice. *ƒ*

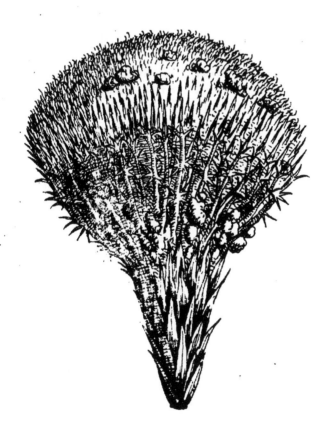

Plantam

De Carduo pinea Theophrasti.   Cap. LVI.

Lantam integram ex Creta accepimus pro legi-
timo Chamæleone albo . Quæ ab vnica radice
exit, foliaq. numerosa producit, lōga, multa, simul à radice prodeuntia, vt digitus lata in neruum acta, papyri seu cyperi folijs proxima, sed
albidiora, duriora, latiora, & lenia, in quorū medio quasi obrutum caput acanaceum occulitur, spinis exterius longis, densis, in crucis modum actis, cussoditum : intus
verò lanuginem albam, densam, induratam, in qua & exterius
in eodem capita circa spinas gummi paruum colore sulue-
scēs, mastichi simile, odoratum, & calidi gustus, inhærescens,
cernitur. Radix vero crassa vt pollex , longa sensim ac sensim
gracilescēs in extremumq. in tenuissimam desinens exterius
fuluescens in nigrum inclinans ; intus alba, suauiter olens ser-
uidi gustus carlinæ similis, ab eaq. differēs remisso iucundio-
riq. odore. Hanc plātam video multis Chamæleonem album
creditam fuisse, quo nomine etiam ipsam nos accepimus, quā
tamen opinionem numquam laudare potuimus eo vel vno
argumento persuasi, quod hæc planta neutiquam chameleo-
ni albo Dioscoridis coueniat , cum præsertim chamæleon albus folia ferat sylibo similia, sed asperiora & acutiora, & caput spinosū cinnaræ modo radicēq. habeat quadantenus aro-
ma, olentē, graui tamen odore & dulcē. Nostra vero planta folia habet multa ab radice longa , parum lata, æquali cortice ac
leni prædita, nullis incisuris neq. acuta, nec aspera, sed lenia, &
caput ferat vti dictum est , folijs fere latens, exterius magro
studio spinis pulcherrimis, atq. longis foliolis, vestitum. Quod
gummi producit non autem ex radice, vt de Chameleone albo expressit Dioscorides, emanat, sed totum circa caput con-
crescit, scilicet circa spinulas, caput echinacēum, vestiētes atque in suprema parte alba, vt ita dicam, papposa semina conti
nente. Addo huiusce plantæ gummi non constare vim mortiferam habere, vti constat de gummi chamęleonis, quod
ixiam græci vocauere, quod exitiale venenum esse Dioscori-
                                                            des

des expreſſit.Huius plantę proChamęleonea multis creditæ
gūmi quod maſtichē ſimulat,mulieres Creticas maſtiches lo
co dentibus atterere, Petrus Bellonius eſt auĉtor,& Honorius
Bellus perſuaſus hanc plantam eſſe album Chamęleonem in
epiſtolis ad C. Cluſium ſcriptis, recitat in Creta pueros hoc
gummiex echino legere & aliquantulum maſticare,& poſtea
digitis leuigare, & complanate, complicatumq. in veſiculæ
formam ſuper alteram manum fortiter impellentes, edere.
Hocq. eſſe ludi genus pueris Cydonijs familiare etiam tradi-
dit.Quibus non leui profeĉtò cōieĉtura,aſſequimur illud gūmi non habere facultatem venenatam, quod in ore libere &
abſq. vlla noxa,dentibus traĉtetur.Hinc etiam deprehenditur
hoc gummi ab Ixia differre, quod circa radicē chamæleonis
quæ venenata eſt,colligi Dioſcorides auĉtor ſit.Quo etiam liquidò conſtabit hanc plantam non eſſe chameleonem albū,
vt falsò multis fuit perſuaſum, quæ igitur planta erit ni cha-
męleo albus hæc ſit?ea inquam vt credidimus de qua Theophraſtus ita ſcribit, Cardus pinea haud multis prouenire in
locis poteſt.Eſt ab radice foligera qua de medio ſeminalis aca-
nus veluti malum extuberat ſolijs nimirum oĉultatus, Hic
lacrymam iucundi ſaporis parte proſert poſtrema, quam ſpi-
nalem maſtichen vocant. Neſcio an melius hæc plāta à Theo
phraſto deſcribi potuerit.Addo vt magis pateat hanc plantam
non eſſe chamęleonē album, de hac planta ipſum Theophraſtum, ſcribētem ne verbum quidē ixia gummi feciſſe.Aliqui
crediderunt ixiam gummi eſſe propriam nigri chamęleonis,
& non albi, Neque eſt vt putemus quod aliquibus viſum ſit
hanc plantam ixiæ,venenati gummi,plantam à Chamęleone
diſtinĉtam,quoniam codex græcus Theophraſti iſtiuſce plātæ gummi ſcilicet cardui pineæ Ixinon habeat,ex quo aliqui
hoc nomine decepti exiſtimarunt eſſe ixiam de qua Dioſcorides in ſextolibro de materia medica inter venena comprehē-
ſa egit.Namq. ſi cardus pinea ixia eſſet procul dubio haberet
vim venenatam,cuius quidem experteā eſſe,nupperrimè ſatis aperte deprehendi, oſtendimus. Neque eſſe poteſt quod
per cardum pineam, chamæleonem albū vt perperam (quia
Græcis codex Theophraſti Ixion habet) Dalecampio fuit
per-

In lib. 6.
de hiſto.
plāt.v.4.

persuasum, Theophrastus intelligi voluerit. Nūquam enim plantam aliquam bis Theophrastus describere consueuit, ete

In lib. 6. hist.plā. cap.4. nim si hic Chamæleonem album descripsit, & de ipso egit, quamobrem iterū postea,quippe in libro nono historiæ plantarum accuratissimè scripsit? cur & hic solummodo de albo

In ca.13. meminit & non de nigro vt fecit in posteriori libro? omnes quidem consueuerunt de albo & de nigro chamæleone simul agere,quare hic nō de Chamęleone albo, sed de alio carduo, quem Cardum pineam Theodorus Gaza est interpretatus. Certè vt etiam de Chamęleone albo dicam suspicor absq. du-

In 1. lib. obseruat. itin. cap. bio Petrum Bellonium, (qui dixit se vidisse iuxta Idam montem in Creta verum Chamæleonem & album,& nigrum,albumq. habere radicem humanæ coxæ crassitie,atq. apud nos nusquam hosce veros Chamæleones nasci, solummodoq. in Creta insula) deceptum fuisse, qui aliam profectò plantā pro albo Chamæleone viderit; Ad nos Ioseph Aromatarius Asisensis iuuenis doctissimus ex asso monte missit ni fallimur legitimum Chamæleonem album Dioscoridis descriptioni planè conuenientem ; quo cognouimus non differre album Chamæleonem,à nigro,nisi coloris foliorum differētia,quoniam albus folia alba,& niger,nigra habeat,vnde vulgarē Carlinam ex foliorum nigro colore,nigrum esse Chamæleonem non dubitamus.Quod cum sit verum,cur & Bellonius & Bellus, plantam cardum pineam à Gaza vocatam, quod nonnullas chamæleonis notas habeat, credidisse esse legitimum Chamæleonem album,quæ planta tamen folia non habet sylibi,sed potius papyri,aut caricis,non aspera,non acuta, sed lenia, nullis spinis crenata: neque circa radicem lachrymā sert, vt de Chamæleone expressit Dioscorides, sed in capite, & hæc de carduo pinea dicta sufficiant.

Echium

Echium Creticum.

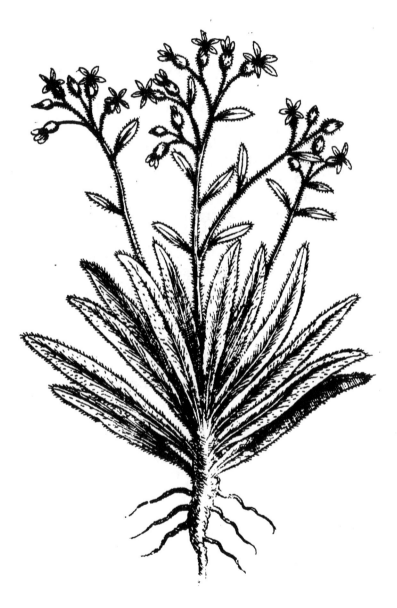

R   Pro

De Echio Cretico. Cap. LVII.

PRo Echio ex Creta accepimus semina parua, rotūda in longum albicantia tritici magnitudine, figuram vero vsq. adeo serpentis viperei capitis præ-
seferebat, vt meritò capita tot viperarum nobis
visa fuerint. Semina hæc terræ commissā sicuti feliciter, nata,
fuerunt, ita ex ipsis quæ natæ sunt plantæ, difficillimè à nobis
conseruari potuerunt, vnicam tamen plantam per annum in
horto habuimus, ex qua eius imaginē delineatam hic damus.
Hæc planta fert ab radice complura folia oblonga, tenuia in
acutum desinentia albicantia, quadantenus ad anchusam accedentia, sed longe minora, crassa pilis veluti spinis tenuibus
aspera atq. horrens. Cauliculos è medio foliorum producit
palmum vix altos, rotundos, asperos, pilis tenuibus, durisq. obsitos, in his parua foliola, longa aspera paucissima sine petiolis
cernuntur itidem albicantia non vtrinq. sed ex vno latere inordinatim longo interuallo posita. In summis vero cauliculis
flores multi sparsim in suis asperrimis calycibus paruis oblō-
gis quasi corymbos seu vmbellam facientibus, exeunt lutei
anchusæ similibus. Quibus succedunt semina parua albicātia
figura capita serpentum æmulantia. Radix parua lignosa, sub-
est & nigra, in paruas radiculas diuisē, hæc est planta quā pro
Echio ex Creta accepimus. De qua aliqui dubitauere an verū
echium sit, quod flores istius plantæ neq. sint purpurei, neq.
secundum folia nascantur, nec minus folia subrubra sint, &
non ex vtroq. latere vt expressit Dioscorides posita. Verum
enim vero etsi etiam quæ & Dioscorides & alij de hac planta
scripserunt nos accuratius considerauerimus, nostram plantā
echium esse ex semine, & alijs confirmabimus Dioscorides

In lib. 4.
de mate-
ria medi-
ca p. 15.

enim ita habet: Echium habet folia oblonga, aspera, aliquantum tenuia, anchusæ proxima, minora tamen, subrubra, &
pinguia, spinulas tenues incumbentes, quæ etiam folia exa-
sperant: Cauliculos tenues multos, & ab his vtrinq. foliola minuta, expansa, nigra, in summo caule proportione minora.
Flores iuxta folia purpureos in quibus semina capiti viperarum

rum ſimilia inſunt, Radix digito minor eſt & ſubnigra. Pli- In li.17. cap.5.
nius tamen de hac planta (eam Alcibiadium vocans forte ab
inuentore Alcibiadio vt Nicander auctor eſt) inquit Alcibiadium qualis eſſet herba apud auctores non reperi ſed radicē
eius & folia trita ad ſerpentis morſus imponi & bibi iubent. In li.25. cap.9.
Poſtea vero eius iterum meminit duobus ſignis eam (nobis
monſtrando) inquit autem. Item altera quæ lanugine diſtinguitur ſpinoſa cui & capitula viperæ ſimilia ſunt, nos vero inter alias notas vnam præcipuè magnifacimus, quippe quod
habeat ſemina in quibus ſerpentum capita vere quidem, &
apertiſſime, impreſſa videntur, quare huic ſigno maximè fidere voluimus, quo natura hominibus voluit præmonſtrare,
quantum ea planta valeret aduerſus ſerpentum morſus, vnde
mirum non eſt ſi vt Dioſcorides atq. alij tradiderunt, ſemina
trita epota ex vino, vel ex aceto nedum preſeruent à viperatū
morſibus & aliorum ſerpentum, ſed quinimmo etiam de-
morſis ab ijs preſentaneo ſit auxilio. Succus etiam foliorum,
& ſemina trita morſibus impoſita idem præſtant efficaciter.

Nardus

Nardus Montana Cretica.

Plantam

De Nardo montana Cretica. Cap. *LVIII.*

Lantam in Cretæ locis humentibus nascentē herbaceam pro Valeriana accepimus, quæ foliosa est ab radiceq. fert quatuor aut quinq. folia rotūda, viridia, mollia, intus veluti cauitatem habentia magnitudine ac ferè etiam figura foliorum asari à suis longis pediculis pendentia, quarum quædam posterius nata vtrinq. veluti auriculas habent. Inter quæ caulis fertur longus, rectus, rotundus, cauus, valerianæ quam simillimus, qui in summitate bis vel ter vtrinque ex opposito habet folia alia alterius formæ quippe valerianæ vel eryngij similia mollia primo quæ in caule spectantur, & post hæc alia eodem modo visuntur adhuc à proximis planè dissimilia, quando hæc longa sint tenuia vtrinq. in acutum desinentia, salicis folijs proxima & hæc sunt iuxta vmbellarum exortum, quæ suis pediculis primo iuxta alarum cauum feruntur, & postea in cacumine fiunt amplæ, latæ, floribus cādidis valerianæ omnino similes atq. etiam seminibus. Flores verò suauiter olent. Hæc planta est donata binis radicibus oblongis, nigris, odoratis, nardum redolentibus, è quibus fibrosæ radiculæ pendent. Pro nardo montana sed Cretica quod à nostrate nardo mōtana differat, hanc plantam esse accipiendam haud dubitamus, præsertim ex radice nigra in binas diuisa nardum maxime redolente, ac vel etiam ex folijs eryngij non dissimilibus, non duris, sed mollibus, cum præsertim ijs notis nardū montanam expresserit etiam Dioscorides. Neq. est quod in textu Dioscoridis legatur, neq. caulem, neq. fructum, neque flores ferre, quando superius hæc meminerit, cum dixerit, ipsum nasci caule & folijs eryngio similibus, minoribus, minimè tamen spinosis, asperísque. Non enim viri eruditissimi in codice Græco legunt, ὅτι δὲ καπλός, ἴυτε καρπός, ἴυτε ἄνθος φέρει, sed ευμφέρει, idest, neq. caulis, neque fructus, neque flores fert, sed ευμφέρει, idest confert, quasi dixerit, quod radix sola vsum habet ad medicinam, propterea neq. caulem, neq. fructum, neq. flores quicquam conferre, quia hæc omnia sint inutilia, sola

enim

enim radix quæ fit admodum odorata vfui eft ad medicinam.
Hanc plantam etiam Ioânes Pona vir in fimplicium medicamentorum cognitione maximè eruditus, amicufq. admodū
mihi familiaris, & pluribus nominibus obferuandus in fuo
Baldo accuratè defcripfit. Radix calida eft primo exceffu, &
ficca ferè ad fecūdum, habet minorem adftrictionem quā habeat nardus indica mixtam habet effentiā & calida oriri fubftantia, & amara non multa qua craffos humores per os afū-
pta incidit extenuat atque detergit, ex fubftantia terrena itidē
aftringente quamquam minus Indica & Celtria aftringat. Vn
de moderata aftrictio plurimum facit, vt efficacius acris, &
amara fubftantia extenuet craffos humores, & eofdem, & vifcidos detergat. Quo mirum non eft, fi ad vifcera obftructa
plurimum faciat, purgat enim per vrinam, & ob id ictericis remedio eft.

Vifcaria

Viſcaria maxima Cretica.

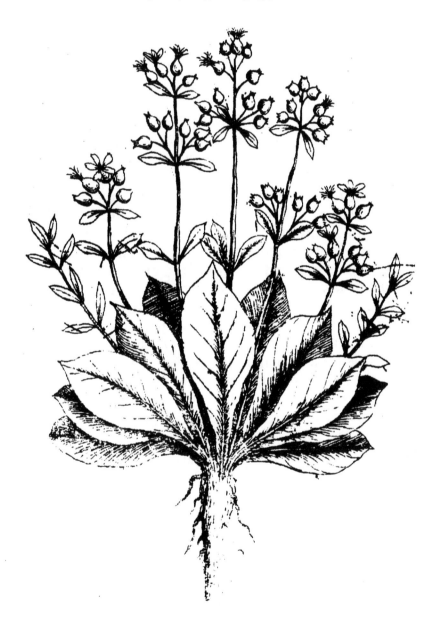

De Viscaria maxima Cretica. Cap. LIX.

Lanta viſcoſſiſſima naſcitur in Creta inſula in cuius ramulis ferè ſemper beſtiolæ inſidentes deprehenſæ cernuntur, atq. ita tenax eiuſce plantæ, ramorum viſcida illa humiditas vt aliquando vel etiam paruæ auiculæ multum deprehenſæ detineantur. Hæc planta ad lycnides ſylueſtres fortaſsè accedere videbitur. Planta eſt folioſa, etenim ab radice longa craſſitie pollicari alba, ſenſim ac ſenſim gracileſcente, dura & carnoſa fert folia innumera ferè inferius gracilia, ſuperius lata, in acutum deſinentia, craſſa, dura, alba, denſiſſimè ſimul ſtipata, auriculæ vrſi luteo flore adm odum ſimilia, interque exeunt ramuli numero plerumq. decem, & plures etiam ſemicubitum, longi, graciles, rotundi, rarè geniculati, albicātes, humiditate admodum viſcida, obſiti, à quorum ſingulis geniculis, bina folia vtrinq. ex oppoſito poſita, exeūt, parua, oblōga, tenuia, aliorum foliorum figura. In ſummis vero caulibus, ramuliſuè iuxta geniculos ferunt ex oppoſito vt folia duo ſurculos qui in cacumine tres aut quatuor, aut ad plus quinque flores, muſcipulæ vulgaris perſimiles, feruntq. primo flores in cacumine ſuis pediculis pendentes, & inferius ex duobus ramulorum aut ad plus ex tribus geniculis itidem ex binis ramulis in ſuis paruis petiolis flores producunt, adeò vt ramulorum ſummitates floribus multis ſcateant, à quibus ſuccedūt vaſcula parua rotunda, in acutum deſinentia, os exiguum denticulatumq. habentia, planè vulgaris polemonii proxima, intus ſemina minuta nigra, vt in ocymoide apparent, continentia. Hanc plantam ad ſylueſtres lycnides referendam eſſe facilè credidimus Ferrandus Imperatus vir doctiſſimus, & in rerum naturalium ſtudio celeberrimus vocabat hanc plantam viſcariam auriculæ vrſi folio, neq. immerito cum ſerat folia vt diximus, & magnitudine, & figura, & duritie, craſſitieq. & colore quam ſimilia. Ioſeph de caſa bona aliam viſcariam hoc nomine vocaſſe viſus eſt, vt C. Cluſius in ſuis poſtremis plantarum raticrum obſeruationibus tradidit; namq. ſcribit ex

In lib. 3.
cap. 3.

ſemini-

seminibus à Iosepho de casa bona horti Pisani præfecto ex
Creta acceptis sibi natam plantam vidisse, quam lycnidē syluestrem lati foliam nominauit, Cuius iconem etiam à Iacobo Plateù accepit. Diximus hanc viscariam aliam esse à nostra
proposita & merito ni fallimur, cum ea planta cuius imaginem Clusius dedit maximè differat à nostra, quod nimirum
sit vnicaulis, & hæc multicaulis, caulisq. eius sit tres cubitos
longus, & ramosus, & nostræ viscariæ caules vix cubitum attollantur, nullosque ramos circum ferant, iis exceptis in quibus flores producuntur, amplius illius folia pauca sunt, & radix fibrosa, primulæ veris persimilis, & nostræ folia innumera
ferè sunt, simul densissime stipata, & radix crassa, & longa, minime fibrosa, quare hæc planta à nobis proposita ab ea quam
Clusius dedit longè diuersa apparet. Fortasse, si lycnis Coro-
naria credita, sit vera antiquorum, hæc nostra non abhorrebit
à syluestri, & eo magis quod referant qui ad nos miserunt, radicem, & semina purgare per aluum flauam bilem, & ictis à
scorpionibus auxilio esse. Nos verò quicquam certi de istiusce plantę viribus, & vsibus experti sumus, Radix insipida cum
tota plantą, atq. inodora.

Anchuſa humilis.

Anchuſa

De Anchusa humili. Cap. LX.

Nchusa humilis elegantissima in locis montosis &
siluis Cretæ insulæ nascitur, quæ ab vna radice (lōga
pollicari crassitie, in extremum sensim ac sensim
gracilescente rubescente colore, magnitudine, &
figura radici cardui pineæ maximè simili, in terram oblique
acta) plures surculos semidigito longos producit vtrinque fo
lijs longis albis anchusæ proximis, sed minoribus densissime
vndiq. vestitos, atq. in summitate ipsorum flores rubri ad pur
pureum inclinantes in suis paruis caly cibus spectantur anchu
sæ maioribus, figura coluteæ vesicariæ à quibus semina producuntur, techis paruis oblongis asperis albicantibus. Radix
tempore æstatis succo rubro turget, quæ manus rubro colore
inficit. Ab ijs gentibus multis laudibus concelebratur ad serpentum morsus ac non minus quam Echio, ad id & radicem,
& folia, & semina ex vino assumpta efficaciter præstare.

Equifetum Montanum Creticum.

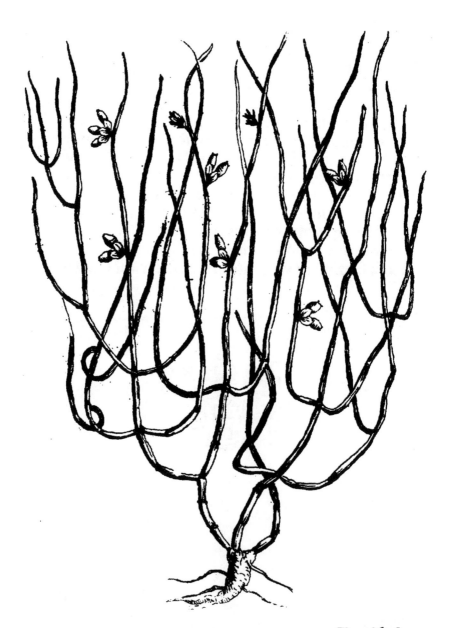

Equiſeti

De Equiseto montano Cretico. Cap. LXI.

Quiseti planta nascitur in montanis Cretæ, quæ quarto equiseto Mattheoli est maxime similis, in hoc ab ea differēs, quod Creticum equisetum flores ferat circum virgarū geniculos atq. in paruis siliquis semina minuta habeat. Hęc planta fert ab radice duos vel tres caules longos, graciles, geniculatos, nigricantes sursum obliquè actos, quorum profecto caulium quilibet, & infernè, & supernè vtrinq. ex opposito alias virgas profert eisdem similes, à quorum geniculis flosculi apparēt, à quibus techæ paruæ rotundæ, oblōgę, rubescentes, in acutum desinentes, succedunt, semina minuta continentes, Radix parua est, longa, in duas diuisa, tenuis, aliquibus fibris ab ea pendentibus, tota planta sapore est stiptica planè inodora cū leui amaritudine, nonnulli putant esse equisetum quartum Mattheoli, quando cum equiseto quarto quam maxime conueniat, differt nihilo minus, & flore, & fructù. Quoniam illud Mattheoli sterile est nec florem, nec fructum ferens, omnes indigenæ herba vtūtur (quod frigida sit, sicca, & maxime adstringens cum leui amaritudine) ad quodcumq. profluuium vel sanguinis vel excrementorum cohibendum. Iis qui per tussim ex pectore & ex stomacho etiam vomitù sanguinem excernunt, aut succum ex vino aut aqua ad duo cochlearia exhibent. Ad fluorem sanguinis ex naribus, in nares ipsas succum immittunt, ad menstruum profluuium, sic ad vteri profluuium succum ex pesso indunt. Quò efficacissime cohibent minusq. etiam ad idem atq. ad dysenteriam succum per os vtilissimè exhibent; sunt qui aquam stillatitiam per os ad vntias quatuor pro vlceribus renum, atque vesicæ, summo cum iuuamento exhibent.

Marrubium nigrum Creticum.

Elegans

De Marrubio nigro Cretico. Cap. LXII.

Legans ad nos ex Créta infula delata eft pláta marrubij nigri nomine vocata. Quæ ab radicibus multis primulæ fimilibus folia complura profert oblonga in extremis acuta, paruis fuis pediculis furfum in orbem acta, nigra, & nigra lanugine obfita, marrubij albi, folijs, maiora, longiora, & latiora, magnitudine, & figura ad apiaftri ferè folia accedentia, E quibus fanè duos vel plures caules producit longos, rectos, quadrangulos, nigros, per interualla geniculatos, in quibus à fingulis geniculis exeunt circum ipfos ex oppofito folia complura, numero ferè feptena, ac plura etiam oblonga, prioribus fimilia, fed longe minora, multum nigricantia, quæ circum ramum veluti in orbem aguntur, in caulium fummitatibus flores vtrinq. virgas ambiunt, non diffimiles à marrubij floribus itidem nigricantes. Tota planta colore nigricat, vt de induftria ab aliquo videatur eo colore infecta. Fortafsè ex hoc colore aliquis credet hanc plantam effe legitimum marrubium nigrum antiquorum. At ingenuè dicam hanc plantam nobis prorfus nouam videri ab omni marrubio diftinctam, quippè, & à nigro ballote vocato, & ab albo, tum quod neq. hæc planta in foliis, neq. in floribus, neq. in foliorum, florumq. pofitù, neq. in hoc quod ipfa fit expers & faporis & odoris, vnde & nos quicquã de ipfius viribus, atq. vfibus ad medicinam certi habere potuimus.

Saxiphraga.

Saxiphraga.

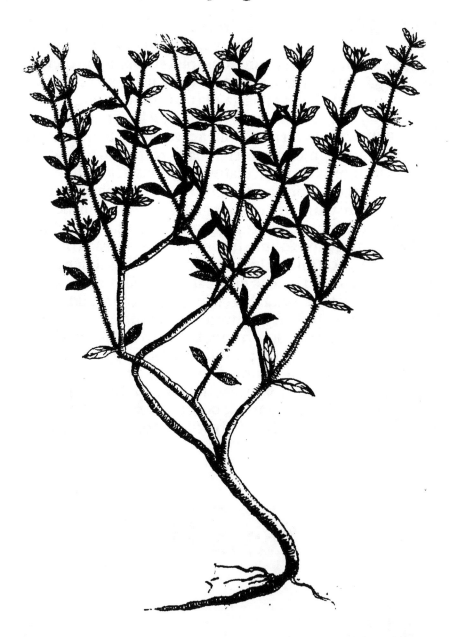

Nafcitur

De Saxiphraga. **C*ap.* LXIII.**

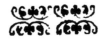

 Afcitur, & inibi in afperis, & faxefis in faxorumq; rimis, planta, quæ ab vna radice lõga, tenui, in gracilitatem definente, paucis fibris à parte fuperiori pendentibus, ramum fiue caulem fert, qui paulo fupra radicem in tres vel plures diuiditur non rectè, fed oblique actos, albicantes, rotundos, lignofos, qui & ipfi in alios complures ramulos diuiduntur rotundos, graciles rectos, qui per interualla vtrinq. ex oppofito habent foliola parua, oblonga ad extrema in acutum definentia, tragorigani & magnitudine proxima, atq. inter folia fert hæc planta, flofculos paruos capillaceos albicantes. Tota planta eft inodora, atq. infipida ferè, quam indigenæ putant effe faxiphragam Diofcoridis, tum quod fit frutex furculofius in petris & afperis locis nafcens, tum multo plus quod calculos in renibus va lenter comminuat, atq. expellat, Radix iftiufce plantæ ad drachmam ex vino, aut aquæ pota, tum etiam quoniã planta epithymo non fit diffimilis etenim non minus frequentius epithymum circum tragoriganum quam circa ipfum thymum nafci in Creta infula vifitur. Neq. enim nos multum laboramus, an in græcis codicibus legendum fit τῶ εποιθυμῶ, an τῷ θυμῷ, aut neutrum legendum fit vt multis fcriptoribus vifum eft. Satis effe duximus vt faxiphragam hanc plantã nominauerimus, quæ vi præcipua valeat ad comminuendos calculos, & in renibus, & in vefica etiam, illofq. præfertim, qui nondum ad lapideam duritiem coaluerut, experientia cognitum eft, radicem tenuiffimè tritam, & ex vino albo tenui, aut ex aqua anonidis maxime valere, vt in renibus, atq. in vefica calculos comminuat, atq. expellat. Quò indignum mihi vifum non eft, antiquorum faxiphragam eam diceremus.

Polium Gnaphaloides.

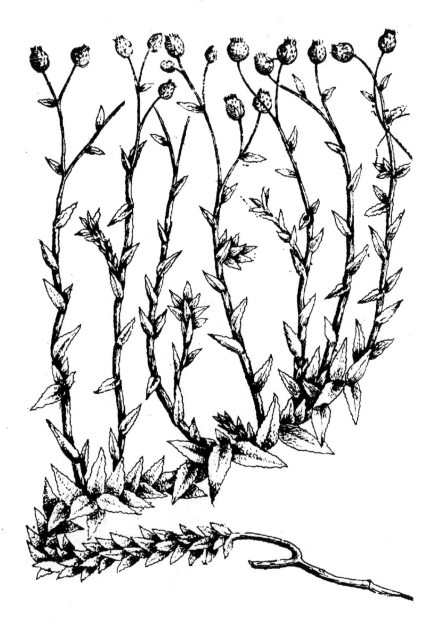

In má.

De Polio Gnaphaloide. Cap. LXIV.

N maritimis Cretæ insulę copiosissime prouenit plãta, quam ad nos pro polio marino amici demiserunt
fortasse à quadam similitudine ad polij folia, atq. ad
odorē, & saporē, cuius quidem flores istiusce plantæ
haud omnino videtur expertes. Tota plãta tomẽtosa est cãdi-
da atq. maxime mollis, Fruticat ab vna radice longa, tenui, de-
mittẽre ramum obliquè actum folijs paruis figura polii maioris, nõ dissimilibus presertimq. per exterius polii modo crenatis totis mollibus, candidis, tomentosis, sintulq. adeò stipatis, vt ipsũ caulẽ occulãt, ex hoc ramo oblique posito, com plu
res exeunt caules recti, longi, rotundi, candidi molles, hinc inde per interualla foliolis referti paruis, oblongis inferius latis
absq. pediculo ramis inhærentibus, in acutũ desinentibus per
exterius modice crenatis ex toto tomentosis candidis molli-
busq. inter quorundam foliorum alas, exeunt germini longi,
graciles, tomentosi, densis foliolis oblongis stipati. In summitatibus vero caules diuiduntur in plures cauliculos subtiles,
rectos, in quibus flores, vmbellarũ modo, lutei, suis paruis calycibus rotundis, contenti, qui in pappos euadunt, inter quos
sunt semina parua, tenuia, flauescentia, molliaq. Radix est tenuis, longa, lignosa, & dura. Hæcq. est istiusce plantæ delineatio. Qua constabit non esse Gnaphalium Clusii, quod offendit
in Valentini regni maritimis atq. in littore maris iuxta
Monspellium, tum quia folia illiusce plantæ figura, quippe
quod myrti folijs magnitudine, & figura sint similia, maximè
differant, neq. pilis infecta sunt, sed tota tomentosa apparent,
præterea, neq. quicquã odoris, & saporis ad polium acceden-
tis, flores gnaphalii sapiunt. Quare alia hæc nostra erit planta
non parum ad polium & gnaphalium accedens. vnde ros polium gnaphaloidem ipsam lubentius nominauimus; polium
gnaphaloidem inquam, quod foliorum figura, & sapore ama
ro, & acri polium maxime representet, gnaphaloidem vero,
quod folia tomentosa sint, & pro tomento, gnaphaloidem ve
ro quod folia tomentosa sint, & pro tomẽto vsurpari possint
flores & cymæ supra secundum excessum calidi sunt, & sicci
primo, vnde decoctum obstructos maximè iuuat, & ad vrinã,
mensesq. mouendos, efficax est.

In lib. ?
obser. ca.
26.

T 2   Santulina

Santulina flore amplo.

Planta

De Santulina flore amplo. Cap. *LXV.*

Lanta conſpectu tenera mollis ac delicata tota candida naſcitur in montanis illuſce inſulæ arboreſcentis figura, folijs paruis oblongis multis ſimul ſtipatis circum ambientibus ramulos & ſpiſſitudine occultantibus candidis abrotoni fœminæ ad primè ſimilibus, non tamen per exterius ſerratis. Hæc planta ab vna radice longa, craſſa, tenera, caulem rectum, rotundum, digiti craſſitie, album ex quo virgę exeunt rectæ, graciles, complures, in cacumine in ſurculos duos, vel tres diuiſæ, habentes flores ſantulinæ, ſed quadruplo maiores, ad calendulæ vulgaris magnitudinem, atq. aureũ colorem maximè accedentes, à quibus ſuccedunt ſemina minuta, oblonga, ſoncò proxima. Nuſquam hæc planta vel odorem ſpirat, vel linguam amaro ſapore multum inficit, amariſcula enim, vt vix percipi queat, apparet. Ad me hęc planta nomine ſantulinæ montanæ Creticæ olim delata eſt, quam̃ eos, qui ſic ipſam nominârunt neutiquam defraudare volens, eodem nomine hic eius imaginem delineatam dedi. Tametſi, vt dictum eſt parùm amaroris habeat, ſiccat, parùm calfaciens cum leui adſtrictione. Quibus mirum quidem non eſt, ſi multum apud mõtanos homines, apud quos hæc planta naſcitur, vſum herba habeat, & ad vermes in pueris interimendos per os aſſumpta, aut eius ſuccus vel decoctum ad ictericos, & obſtructos, & ad mouendam vrinam efficax ſit. ſordida quoque vlcera, ſucco illita, aut puluere aſperſâ, relatione accepimus.

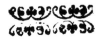

Holoſteum.

Hic da-

De Holoſteo. Cap. LXVI.

Ic damus plātam,quæ antiquorum holoſteum meritò credita eſt,naſcentem in iiſdem locis,Fruticat palmari altitudine ab vna radice longa,tenui,alba, multis ramis,qui parum ſupra radicē,producūt folia multa,longa,in cuſpidē deſinētia,tenuia,& ſubtilia,per inferius, & iuxta ſummitates parum lata,ad ſimilitudinem plātaginis tenuifoliæ,recta,mollia,& alba,inter quæ exeunt cauliculi recti,rotundi,graciles,ferentes in cacumine ſpicas cum ſuis floribus albicantibus,coronopi proximis. Tota planta eſt folioſa albicat,incana,tactui maxime mollis ſentitur,parum adſtringit, & radicem habet albam tenuemq. Quibus quidē non videtur abhorrere à legitimo Holoſteo Dioſcoridis de quo idem ita ſcripſit:Holoſteum quadrantalis herbula eſt humi repens, ſolijs viticuliſq. coronopo, aut gramini proximis, Inli.4.de materia med.c.15 guſtu adſtringentibus, radice alba prætenui vſque in capillamenti ſpeciem, longitudine quatuor digitorum. Nos non dubitamus hanc plantam eſſe holoſteum, atq. etiam quod tota mollis eſt, An verò C. Cluſius eandem viderit, ignoro, quod hac noſtra planta folia longè plura ferat,magiſq; ſoliata videatur,quā ſit ſalmāticenſe holoſteum,abeo deſcriptum, ſoliaq; In lib. 5. rar. plāt. cap.15. noſtri,longiora ſint, neq. humi ſtrata. Neque negandum videtur propius magis eam ad hāc noſtram,quam alias accedere. Leuiter refrigerat,ſiccat magis,& adſtringit,vnde plures vſus ad medicinam habuit,quippe ad vulnera conglutinanda. In qua re adeo efficax deprehenſa eſt, vt ruptos epota maxime iuuet,& quandoq. ſanet,& hic fuit (auctore Dioſcoride) eius vſus præcipuus,apud antiquitatem ita celebratus,vt carnes diſſectas,cum hac herbula percoctas,ſimul coaleſcere deprehenſum fuerit.

Eryngio.

Eryngium trifolium.

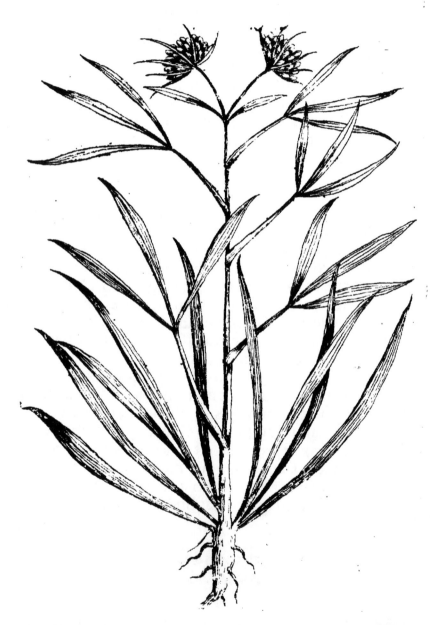

Eryngij

De Eryngio trifolio. Cap. *LXVII.*

ERyngij planta itidem in asperis nascitur, prorsus stirpium studiosis noua, nusquam alias visa, cubitalis, & foliosa est ab radice, fertq; folia complura, longa, tenuia, visu holostei folijs maxime similia, duriora tamen. Quorum quædam in summitate tria folia habent oblonga. E medio verò foliorum exit caulis vnus, rectus, rotundus, gracilis, hinc inde folijs trifolijs per interualla constans, in summitate verò caulis duo, aut plures flores lati, rotundi, purpurei, foliolis oblongis circumdati, eryngij montani floribus proximi, à quibus semina itidem similia lata, longa, tenuia fiunt. Radix est breuis, crassa, rapunculo similis, odorata atq. aromatica. Vsum habet ad mouendum vrinam, & ad Venerem augendam radicem tàm crudam, quàm coctam esitant.

Daucus ſtellatus.

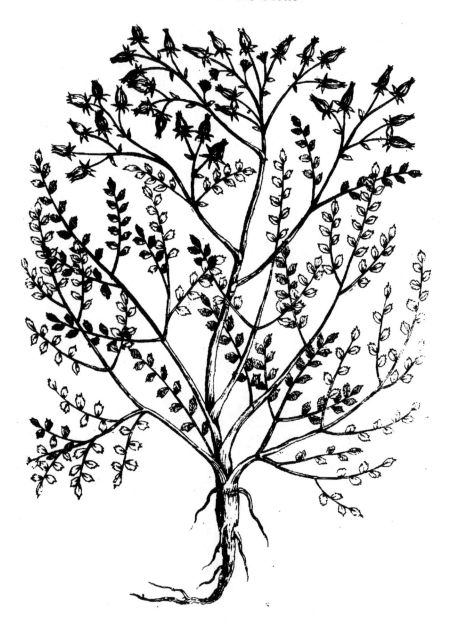

Naſcitur

De Dauco ſtellato. Cap. *LXVIII.*

Aſcitur & planta fruticoſa cubitalis longitudinis, magnęq. latitudinis, odorata, & aromatica, vnicaulis, ſed propè radicem folioſa. Folia vero & ſuis caulibus petroſelino quàm proxima apparent. Ramuli enim, & illius diuiſionis ſunt, vtrinq. folia parua ad petroſelini foliola accedentia, daucum creticum ferè redolentia, linguamq. excalfacientia, habentes, inter quæ exit caulis rectus rotundus hinc inde ramificatus eadem folia ferens, in ramulorum vero cacumine floſculi lutei vmbellatim ferè producuntur, à quibus fiunt fructus parui, oblongi, inferius lati, & habentes, quinque ſpinas, paruas, ſtellarum modo flaueſcentes baſes, fructuum circumdantes, à quibus ſurſum quædam patuæ fibræ, quippe quinque, vel ſex veluti in conum deſinentes procedunt. Fructus hi mirabili profectò artificio à natura elaborati vidētur, ſunt odorati, atq. aromatici. Radix longa craſſa, carnoſa, petroſelini, aut paſtinacæ ſimilis, odorata, atq. aromatica, qua indigenæ veſcuntur, & cruda, & cocta in acetarijs. Tota planta calida eſt, & ſicca ferè ad ſecundum ordinem excalfacientiũ, tenuis ſubſtantiæ. Inter alios vſus ad medicinam, præcipuum habet radix ad mouendam vrinam, & menſes. Cruda radix eſitata, maximè facit ad venerem excitandam, augendamq.

V 2 Anthyllis.

Anthyllis.

Veram

De Anthyllide. Cap. LXIX.

Etam ni fallor anthyllidem in ijs locis maritimis copiosius nascentem accepimus, quæ exigua herbula est, palmū alta, fruticosa valde. Namq. ab radice plures caules fert, numero ad minus quinque lōgi, graciles, rotundi, albicantes à quibus hinc inde breuibus interuallis exeunt surculi multi tenues atq. breues folijs multis paruissimis, lentis magnitudine, & figura vndiq. circum ttipati, qui & ipsorum multitudine, & folijs multis ipsos circumdātibus frutex densus admodum apparet, & in orbem etiam actus, in surculorum verò cacumine flosculi parui exeunt, quibus proseminibus succedunt fructus parui oblongi rotūdi, scilicet tritici ferè magnitudine, & figura. Tota planta albicat, & salsum saporem sapit. Radix vero longa, tenuis, geniculata, alba cernitur, eodem salso sapore gustum inficiens. Quibus notis hanc plantam à vera anthyllide Dioscoridis non abhorrere existimauimus, neque immerito, cum de ea Dioscorides ita scripserit: Quædam enim lenti simillima folijs mollibus, rectis ramulis palmi altitudine, radice parua tenui. Nascitur in salsis terris, & à sole illustratis, non insulso gustù. Quis ex ijs dubitabit, nostram hanc plantam esse anthyllidem primam Dioscoridis, cum & ipsa sit palmum ferè alta, habeat folia lenti quam similia, & rectos ramulos, radicemq. paruam tenuem, & gustù salso, & nascatur in Cretæ locis maritimis salsis. Modice siccat cum leui adstrictione, & calore vnde vulnera sanat, sed eius decoctum datur etiam ad vrinę difficultatem, atq. ad renes detergendos. Mihi vero minimè notum est, an ex ipsa vsta fiant cineres vtiles ad vitra conflanda, quales ex altera quam Arabes Kali vocant, in Aegypto vsta fieri solent.

In lib. 3. de materia medi. cap. 154.

Cardus

Carduus Eryngioides capite spinoso.

Nascitur,

De Carduo Eryngioide capite ſpinoſo . **Cap. LXX.**

Aſcitur, & mihi cardui genus quoddam quod habet folia eryngij, ſed mollia tamen, cauleq. ſert ab vna radice rectum, cubitalis, ac amplioris etiam altitudinis, in quo folia prædicta raris interuallis poſita, cernuntur. In ſummitate verò duo vel tria capita profert magna, rotūda, cactis longè minora ſquammis pulcherrimis circum extrema crenatis , obſita inter quas ſpinæ multæ exeunt ſtellarum modo acutæ albicantes, & duræ flores vero quadantenus cyanis ſimiles purpuraſcentes exeunt, à quibus ſemina cactis ſimilia ſed minora exeunt, flaueſcentia , tota planta ſed maxime capita colore flaueſcunt. Radix craſſa, carnoſa qua indigenæ libentiſſime, & crudã, & coctã veſcuntur, libidiniſq. eſſe excitamentum affirmant.

Cyanus

Cyanus tomentofus.

Plantâ

De Cyano tomentoſo. Cap. *LXXI.*

PLanta eſt ſurculoſa, ferēs ab radice ſurculos plures, longos, gracil es, rotundos, oblique actos ſurſum, lanugine candida obſitos, cubitales, & ampliores etiam, molles, foliis hinc inde veſtitos longis, tenuibus, per exterius ſerratis, in acutum deſinentibus, candidis, tomentoſis, cyani foliis, figura ſimilibus, ſed multò minoribus. Surculi in cacumine habent flores purpuraſcentes, cyanis ſimiles, ſuis paruis calycibus, & exterius ſquammis obſitis, contentos. Radix tenuis in multas diuiſa, lignoſa.

Cyanus Spinosus.

Est, &

De Cyano spinoso. **Cap.** *LXXII.*

Est, & alter cyanus spinosus nascens in multis Cretæ locis asperis, squalidisq. satis elegans planta tota candida, palmaris altitudinis, perennis, quæ ab vna radice longa aliquatenus crassa caulem fert, alios cauliculos producentem, qui in longas acutasq. spinas desinunt, iuxta quas flores paruos, colore carneos habet, cyanis similes, sed multo minores. Folia ad radicem multa fert, figura vulgaris scabiosæ, sed minora, totaq. candida. Ita natura stirpium varietate luxuriat. Hanc plantam hortus medicus nunc alit.

Melanthium

Melanthium odoratum.

Mirabilis

De quodam Melanthio odorato. Cap. *LXXIII.*

Irabilis Melanthii planta Cretica cognita eſt,quę ab radice parua,tenui, fibris tenuibus multis prædita, cauliculos plures producit, graciles, teneros,rotū-dos,palmum altos,foliis lini ex oppoſito veſtitos, in caulium ſummitatibus flores fert cęruleos papaueris ſimi-les, à quibus ſiliquis quinque partitis, ſemina nigra , minuta , odorata, continentur. At in cauliculis etiam alia ſemina mi-nuta, rotūda, racemorum modo albicantia,pendent.Quibus hanc plantam naturæ ſummoperè curæ fuiſſe cōſtabit,quod eam, ne deficeret duplici ſeminis genere donauit.

Gallium

Gallium Montanum Creticum.

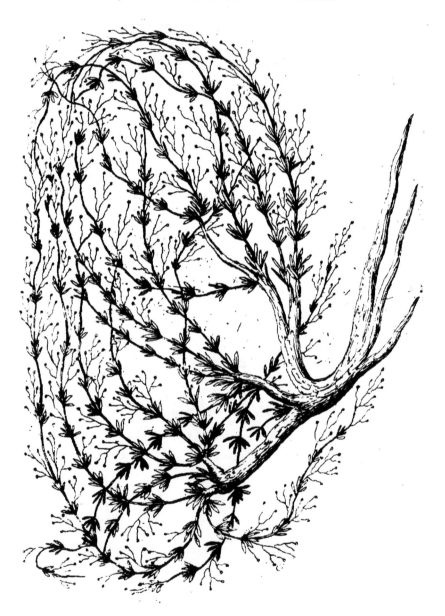

Abun dat

De Galio Montano Cretico. Cap. *LXXIV.*

Bundat Creta infula quodam galio elegantiſſimo in montanis, quæ planta parua eſt, cauliculos ſupra terram ferens, ab radice enim craſſa tres vel quatuor ramos producit digiti minoris craſſitie, & tenuiori etiam, rotundos, duros, lignoſos, albicantes, ex quibus ſingulis complures ſurculi tenuiſſimi, rotundi folus veluti thymi veſtiti exeunt, in floſculos paruos definentes, racematim coherentes, à quibus fiunt minutiſſima ſemina nigra. Nititur verò hæc planta radice longa, craſſa, lignoſa, in tres alias diuiſa, Hæc planta etſi galium ſit, nullis re clamantibus notis, tamen vulgari longe eſt minus, & gracilius, & quaſi ſurculis ſupra terram ſerpentibus, ramis verò ac radicibus maioribus, durioribuſq. quam vulgaris conſtat. Paſtores vt audio coaguli vice, eo ad lac coagulandum familiarius vti ſolent, quod id quam noſtrate efficacius preſtat, quod eo lóngè ſiccius, & calidius, & non expers alicuius facultatis adſtrictoriæ, ſiccat enim ſupra ſecundum exceſſum parum ca lidæ facultatis, & adſtringentis habet. Vnde merito nedum flores ſed et radix profluuium ſanguinis ſiſtit, daturq. idcirco ſanguinem quomodolibet reiicientibus, dyſentericis, ac vteri fluxionibus. Flores igni ambuſtis vtiliter illlinuntur, & aliqui aſſirmant, radicem venerem, concitare, ſi per os aſſumatur.

Spica

Spicá Trifolia.

Mirabilis

De Spicà trifolia. Cap. *LXXV.*

Irabilis quidem eſt natura, quæ innumera fe-
rè, & in plantis mirabilia facit. neq. vero in-
ter plantas admirabiles preſens, quam natã
in Creta inſula proponimus, planta minus
admirationis habere videtur, cum non vna
quidem, ſed duæ diuerſi generis plantæ ſimul eſſe videantur, prima eſt planta feſtu-
cacea, ſpicis multis ramorum inſtar ab radice exeuntibus, colore ſubruffo flores oblongos magnitudine atq. figura hyacin
ti floribus ſimiles, albos interſeptos, ferentibus, dum recentes
ſunt ſuauiter olentes, à quibus fiunt ſemina alba, rotunda,
paruiſſima, ab radice vero ex ſpicarum feſtucis capillamenta
cuſcutæ ſimilia ſubtiliora tamen albicantiaq. ita innumera
ferè exeunt, ſpicas ex toto occulentia, deſinentiaq. in folia parua, elegãtiſſimi trifolij pratenſis folijs, ſimilia, minora tamen,
& exterius per pulchrè crenata, tota hæc planta lata eſt in orbem veluti acta exterius trifolium ſimulát, & interius nimirũ
in parte conuexa ad terram ſpectante. feſtucacea planta tota
eſſe videtur, & floreſcens multam elegantiam præſeferre videtur. Spica ſiccante facultate prædita eſt, cum obſcura caliditate. Quos verò vſus ad medicinam habeat nondum intel-
ligere potuimus.

Spicæ trifoliæ altera figura.

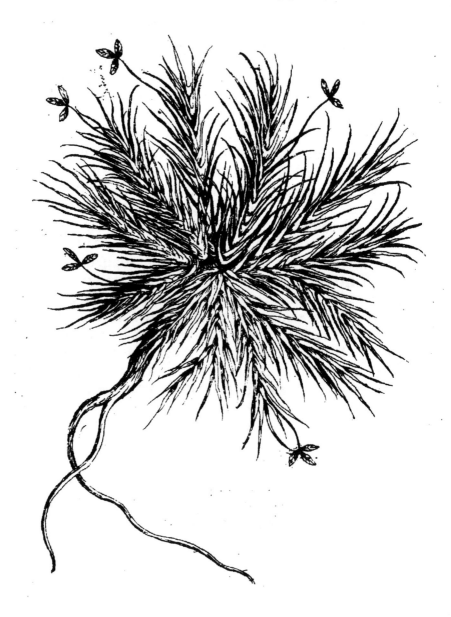

Damus

Spica trifolia altera est. Cap. *LXXVI.*

Amus hic alteram iconem ſpicæ trifoliæ, aſpectu diuerſam à iam deſcripta, quamuis ſit eadem cū prima; vt ſtudioſi videant diuerſitatem, & varie-tatem, ſic in plantis, quemadmodum, & in aliis rebus naturalibus. Hæc foliolis, eſt donata, vt alte-raſimiliter, verum ſunt hæc pauciſſima, quemadmodum illa innumera, eſt tota feſtucacea, vt ex præſenti icone appare-bit.

Y 2 Aſciroi-

Afciroides.

Plantam

De Afciroide .   *Cap.* L X V I I .

Lantam flore elegantiſſimo ex Cretæ ſeminibus
delatis atq. terræ commiſſis, natam vidimus, v-
nicum caulem rectum palmari altitudine gracilem rotundum folijs multis ab radice longis la-
tiuſculis viridibus ad aſcjri folia quadantemus accedentibus, in ſummitate caulis fert tres aut quatuor flores
veluti in aſciro , ſed quadruplo maiores aurei coloris quibus
deflorefcentibus ſemen nigrum ſuccedit. Anno ſecundo, in
quo exauit ferebat ex imo caule plures alios ramulos, ſed tunc
ex largis pluuijs hæc planta corrupta interijt.

Cnicus

Cnicus singularis.

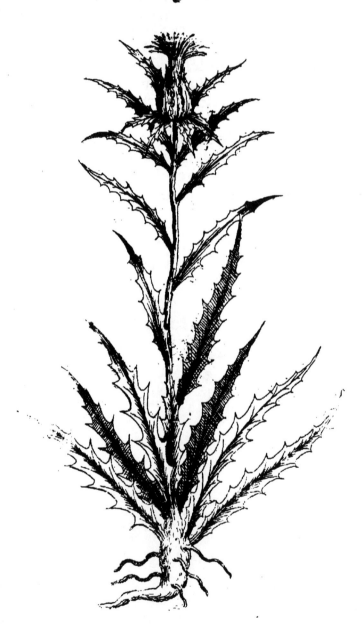

Cnicus

De Cnico singulari. Cap. *LXXVIII.*

Nicus singularis nascitur in Cretæ locis, vnicũ caulem ab radice producens, rectum, rotundum, semicubitalem hinc inde, folijs longis in acutum desinentibus vndique crenatis, & spinosis, vestitum, in cuius summitate caput extat inter folia spinosa cõseptum attractilis magnitudine, in quo exeunt capillamenta densa crocei coloris simul stipata florem constituentia, in quibus semina alba Centaurei maioris similia continentur : Radix verò est crassa longa ad rapunculi radicem accedens, nigricans. Seminibus vtuntur montani purgationis gratia.

Finis Libri Primi.

PRO-

PROSPERI ALPINI

De aliquibus Plantis Exoticis.

LIBER SECVNDVS.

De quibus plantis agendum in secundo libro.
Caput Primum.

 Osteaquam superiori libro exoticas plãtas eas, quas ex Creta insula varijs temporibus accepimus, cõplexi sumus; reliquum est vt presentem etiam librum scribamus de alijs peregrinis ex varijs orbis terræ partibus ad nos delatis, neq. tamen ommittemus plantas nõ paucas, quas etiam ex Creta insula speramus in hoc libro recensere deq. ipsis agere. Inter quas complures erunt in Aegypto nascentes de quibus hic dedita opera libenter, atque accuratius quam in historia rerum in Aegypto obseruatarum in qua de ijs veluti per transcursum scripsimus, se cerimus, scribere debemus. Inter quas præcipuum locum habebunt ligustri nigri planta Bysantio ad nos viuens delata, Datura Alexandrina flore pleno, à vulgari rotũda admodùm differens, Connoluulus Arabicus, Rhaponticum ex Thraciæ monte, Rhodope, aduectum, Hyoscjamus albus Aegyptius, Caßabel Dar irà, cuius ramos plures Oriẽtis medici pro calamo aromatico antiquorum receperunt, ab el Mosch Hippomaratrum, spherocephalum, brassica spinosa, echioides, scabiosa centauroides, sideritis sambuci folio, dens leonis Anglicus, & aliæ eiusmodi complures, quas, suis locis, dabimus.

Liguſtrum nigrum.

Biſantio

De Ligustro nigro. Cap. II.

Mantio plantam fruticosam arborescentemq. accepimus ligustro Italico maxime similem, hæc ab radice producit multos caules graciles, rotūdos, rectos, tricubitales, & ampliores, duros, lignosos, cortice viridi, in nigrum inclinante, vestitos. Folia vero habent complura a radice, ad cacumina vsq. ex opposito leguminis modo posita, ex viridi nigrescentia, in caulium summitatibus omnino vulgaris ligustri similia, à summitatibus vero descendendo tri folia primo cernuntur cytisi folijs longis non dissimilia, mox quinque folia, & prope radicem quinque folia itidem, etsi spectentur tamen extremum folium exterius aliqualiter crenatum non ligustro, sed potius Chethmiæ folio simile. In cauliū itidem cacumine flores muscosi, racemosi visuntur ligustris non dissimiles, sed longe maiores cyanei coloris nigrescentis odorati, planè flores syringæ cæruleæ magnitudine, figura, colore, atq. odore æmulātes, quibus succedūt folliculi parui, oblongi, nigricantes, semina minuta nigra continentes. Radice nititur hæc plāta magna, lignosa, in plures diuisa. Nobis libuit hanc ipsam stirpem nigrum ligustrum nominare quod ligustro maxime sit similis, & quod tota planta colore nigrescat præsertimq. floribus, & saporem sapiat ligustri; Quo haud dissimilibus viribus etiam præditam esse credidimus. Tria vero cognita hactenus fuerunt ligustri genera, primum Italicum vulgare omnibus notum, alterum Aegyptium, quod Cypriū etiam appellatum est, & ab Aegyptijs el hanne, atq. demum nigrum à nobis ex nigro colore præsertim florum vocatum Bisantinum, quam plātam acceptam ferimus liberalitati munificentiæq. Hieronymi Capelli qui cum ibi oratorem pro Serenissima Veneta Republica ad Turcarum Imperatorē ageret, hanc Venetias misit, de quo fortassè Columella meminit cum dixerit: & nigro permixta ligustro, balsama cum casiâ nectens. Primum vero genus ligustri vbiq. locorum in Italia circa sæpes prouenit. Alterum in Aegypto, Syria atq. Cypro,

Z 2 de qua

de qua planta, & in libro de plantis Aegypti, & in hiſtoria Aegyptiaca ſatis ſuperq́; egimus. Foliorumq. puluerem apud eas gentes archenda vocari diximus, quo quidem Indigenæ lu teo colore tingunt equorum caudas, & mulierum manus, atque pedes, vngueſq. maxime. Dioſcorides Italicum liguſtrum deſcripſiſſe viſus eſt, & cum Aegyptio confundiſſe, cum ita de hoc ſcripſerit. Cyprum Romani, liguſtrum dicunt; oleæ ſimilia folia per virgas profert, latiora tamen mollioraq. & magis herbaceo colore. Flores habet cãdidos, muſcoſos, & odoratos. Fructum fert nigrum ſambuco ſimilem. Atq. hiſce verbis nullis reclamantibus notis noſtrum vulgare liguſtrum, & foliorum magnitudine, figura, colore, floribus, candidis, muſcoſis atq. fructibus ſambuci ſimilibus. Confundiſſe verò viſus itidem eſt Italicum cum Aegyptio inquiẽs, Probatiſſimũ naſcitur in Aſcalone Iudeæ, & in canope Aegypti. Italicum liguſtrum in Aegypto non naſcitur neque in Iudea vt ſciã. Cypriũ énim ſiue Aegyptium liguſtrum rara planta eſt ſolummodo in Aegypto, Iudea, Syria atq. Cypro naſcens nullis Europæ locis conceſſa, quæ flores non candidos ſed cineritios producit, neq. baccas, vt vulgare, nigras itidem habet, ſed paruos folliculos rotundos paruis rucis ſimiles, ſemina minuta nigra continẽtes, vel melius coriandri fructibus ſimiles, quod perbelle, & Plinius ita expreſſit dicens: Sed ſemina coriandris ſimilia, foliaq. ziziphi, & flores non candidi, ſed cinereo colore infecti. Ex hoc paratur oleum cyprinum vocatum odoris ſuauitate valens. Noſtrum verò nigrum vocatum, vt audiu i- mus in Thraciæ locis naſcitur. Nos viribus proximè ad Italicũ accedere iudicauimus. Quos vero particulares vſus habeat nondum deprehendere quiuimus.

Datura

In lib. 1. de mate. med. ca. 107,

Datura Contarena.

Ramum

De Datura Contarena. Cap. III.

Amum cuius hic imaginem damus, plantæ, quã vulgus ſtramonium vocat, accepimus daturæ Alexandrinæ nomine à Nicolao Contareno Patricio Veneto Illuſtriſſimo in plantarum cognitione maximè erudito, cuius rami plantam alit in ſuo Horto rariorum ſtirpium inſtructiſſimo. Planta eſt vegeta, vnicaulis tricubitalis altitudinis, & amplioris etiam, arboreſcens, caulibus rotundis, craſſis, colore violaceo in nigrum ſplendeſcente, quæ folia fert ſtramonii rotundi ſimilia, oblonga, in acutum deſinentia, longis pediculis pendentia, maiora circum crenata, minora vero circum nullis crenis referta ad lauri folia figura inclinantia coloris violacei nigreſcentis, Flores autem inter alarum ſinus producit longis pediculis annexos, longos, magnos in latum campanæ modo deſinentes, triplici foliorum ordine præditos, primus ſex ſeptemue habet folia longa, lata, in acutum deſinentia, exterius violaceo perameno colore infecta, intus candida, ſecũdus ſex aut quinque atq. poſtremus in medio poſitus eodem ferè, & numero, & figura itidem habet, eodem etiam colore extimo violaceo, atque interno candido, quibus flos efficitur pulcherrimus, viſui iucundiſſimus, odorem etiam ſuauem reſpirans, à quibus nuces rotundæ pro fructu ſuccedunt cortice ſpinoſo ſemina candida in fructu mali granati modo ſimul ſtipata albicantia primo aſpectu citri ſemina quadantenus imitantia, triangula, quadrangulaq. figura, radice nititur longa, craſſa, rubeſcente, odore ad opium inclinante. Hæcq. eſt delineatio, quibus conſtat eſſe plantam vulgo ſtramoniam vocatam, ſed ab ea differens ramorum colore violaceo, & flore pleno violacei, & candidi coloris, cũ vulgaris ſtramonia caules albos habeat, flores, ſimplicis, candidique coloris. Verum enimuero ex iis conſtabit hanc plantam æquè atq. albam ſtramoniam eſſe legitimam nucem mettellam Arabum, præſertimq. Auicennæ qui de hac ipſa plãta ita inquit: Nux methel quid eſt? eſt venenum, & eſt ſtupefactiua, ſimilis nuci ſuper

In l.b 2. tract.1. cap. 509.

quam

quam funt fpinæ groffæ,breues,& eſt ſimilis nuci vomicæ,&
eius ſemen eſt ſimile ſemine citri. Vnde haud dubium eſt,
ſtramoniam rotundam eſſe nucem methellam Auicennæ,
ſed quid dicemus de Stramonia longa ? quam Turcæ, &
Perſæ Tatulam appellant, & alii Daturam. An, & ipſa erit
nucis metellæ genere comprehendenda ? Certe quidem videtur, cum ex facultate ſtupefactiua quæ per os aſſump-
ta faciat, vt Auicenna expreſſit magnam ebrietatem atque ſubet. Nos cum in Aegypto moraremur audiuimus
à medicis Arabibus atque Aegyptiis latrones iſtiuſce ſtra-
moniæ (vulgo longæ vocatæ) ſeminibus tritis longè familiarius vti ad mercatores ebrios reddendos vt commode ipſorum merces deprædari queant, præſertimque eundo in
comitatibus,(quas Arabes Carauanas appellãt) commodam
occaſionem expilandi mercatores nanciſcuntur. Etenim
mercatoribus ſeipſos conſociant fingentes iter cum ipſis in
Carauana facturos,ſimulq. comedentes,iis bellaria nuce methella infecta obferunt quibus eſitatis in ebrietatem,& in ſõ-
num profundiſſimum delabuntur quod plerumq.non niſi
triduo excitantur,interimq. ipſi raras merces, aurum, argen-
tumq. expilant. Quare ex hac facultate ebrietatem cum ſtu-
pefactione cerebri,& profundum ſomnum inducente nõ abhorrebit datura à natura nucis methellæ,addimus notas eiufdem plantæ ſingulares ex florum præſertim figura, & odore
depromptas nec non ex fructu ſpinoſo, atq. ex ſeminibus rotundis lentis magnitudine, & figura quæ meritò Serapio ex
Haeſe medico,mãdragore ſeminibus ſimilia eſſe, feciſſe viſus
eſt,à quibus ſolo nigro colore diſtinguuntur. Quibus fort aſ-
ſe dicendum erit Auicennam per nucem methellam intelle-
xiſſe ſtramoniam rotundam, cum eius ſemina citri ſeminibus
ſimilia fecerit,& Serapionem longum, qui eius ſemina magnitudine,& figura mandragoræ ſeminibus itidem ſimilia fe-
cerit.Nulli dubium videtur haſce duas plantas eſſe congene-
res,& pro nuce methella viramq. poſſe vſurpari quippe ſtramoniam,& rotundam, & longam. Hinc doctiſſimus Fabius
Columna merito ſolanũ maniacum, & Dioſcoridis,& Theophraſti eſſe credidit. Neque in ea re (vt opinor) deceptus eſt,
                                                        cum

cum omnes notę folani maniaci cum hac planta conuenire
videãtur,neq. etiam abfurdum erit credere vna cum Anguillara effe Hippomanem Crateuæ cum Theocriti fcholiaftes
de ipfo fcriplerit, Crateuas Hippomanes plantam effe dicit,
quęfruɗum habet cucumeris fylueftris modo,fpinofum.Se-
mina atq. radix iftiufce plantæ eft frigida,& ficca fupra tertiũ
ordinem,cuius profeɗò obolus inducit ebrietatem cum pro
fundo fomno,& drachmę pondere epotum interimit. Semina vero longi ftramonii ad femidrachmam deuorata, obfer-
uatum eft facere mētis alienationem cum fomno profundo.
Nos hanc plantam in horto aluimus anno M D C X I I I. &
eius flores pulcherrimi certe funt,& quod pleni funt,& quod
exterius venuftiffimo violaceo colore, interius candido oculos obleɗent,& fuaui odore olfaɗum inficiant,quam plãtam
Daturam Contarenam vocare,ex auɗore primo iftiufce ftirpis,libenter audiuimus.

Connoluulus Arabicus.

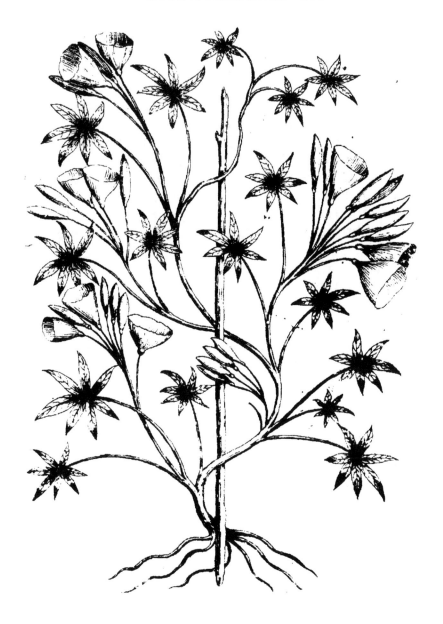

De Conuoluulo Arabico. Cap. IIII.

X Aegypto femina quædam parua, rotunda, magnitudine, & figura orobum imitantia, albicantia cum leui quadam tomentofa lanugine nomine conuoluuli Arabici accepimus, ex quibus plantam fæpius natam vidimus viticulofam, quç circa
perticas maxime in altum luxuriat. In immenfam enim altitudinem afcendit, virorem oculis iucundiffimum præfeferens.
Folia habet viticis feptena fimul coniuncta, momordicæ folia
quadantenus fimulantia longis pediculis pendentia. Fert ab
radice caulem, (& quandoque plures affurgunt, præfertim autumno, quo tempore maxime luxuriat, floribufq. fereinnumeris redditur oculis fpectatiffima) longum oblique furfum
actum, ex quo alii cauliculi exeunt in quorum cymis flores
cernuntur quafi vmbellas efformantes, qui funt fimul plures
plerumq. feptem & nouem ac vel etiam plures volubilis maioris fimiles, fed vinofi funt coloris, nihilq. odoris refpirantes.
Radicibus multis nititur, longis, albis, & annuam effe mihi
perfuadeo. Elegantiffima planta eft, in pergulis amæniffimū
profpectum faciens. Sæpe apud me, & in fictilibus, & in terra
viuens per belle floruit, numquam vero femen aliquod produxit. In morbido folo ita luxuriat, vt vel etiam vnica planta
fuis cauliculis per terram ferpentibus maximam vel etiam
aream occupet, in quibus etiam ferpilli modo radices in terram demittit, et eo modo feipfam multiplicat mirum in modum, fed hoc apud nos autumno facit, poftquem ftatim tota
frigore exarefcit. Nullos vfus iftius plantæ audiui.

Rhaponticum

Rhaponticum.

Aa 2   De Rha-

De Rhapontico.   Cap. V.

DE Rhapontico, etfi proximis annis accuratiffime in fchola Patauina egerimus (quæ difputatio etiam à Petro Bertelli bibliopola typis fuit anno præterito euulgata) nos hoc loco etiam agere ftatuimus, fed tamen vt hactenus fecimus, compendiofa tractatione. Præfertimq; cum nofter hortus medicus etiam hucufq. habeat, & alat legitimam plantam Rhapontici ex Thraciæ monte Rhodope ad nos delatam. Nafcitur enim fpontè ibi in quadam planitie in qua lacus extat, à quo Hebrus fluuius originem habet, Nafcitur etiam, vt à quibufdam noftra ætate deprehenfum eft, in multis Scythiæ locis. Planta eft lapatiorum genere comprehenfa pulcherrima tamen, quâdam veluti maieftatem foliorum amplitudine, præfeferens. Hæc igitur ab radice folia fert multa, longis pediculis furfum acta ampla, quadantenus ad magnæ lapæ, figura inclinantia, maiora tamen, & latiora, quæ id proprij habent, vt in circumferentia quibufdam miris circum volutionibus agantur, quibus quafdam magnas cauitates præfeferre videntur. Colore vero viridi in nigrum inclinante fpectantur, neque terræ procumbunt, at furfum in aerem fuis pediculis longis, craffis, latis, intus, cauis, exterius conuexis, ftriatifque in orbem expanduntur. Inodora funt, fapore vero fubacido haud iniucundo linguam afficiunt. Fert vero è medio foliorum caulem, vt femel in hac planta obferuare potuimus vnicum, cubitalem, ac ampliorem etiam, folijs concolorem quadantenus ad rubrum inclinantem, rotundum, craffum, cauum, ftriatum, geniculatumque, à cuius geniculis furculi recti exeunt duo, vel tres vtrinque ex oppofito, fimul cum vnico foliolo qui in plures alios diuiduntur, flofculis albis mufcofis, fambuci floribus fimilibus, racematim vndique congeftis, præditi, non iniucundè olentes, fapore fubacido, & guftui non ingrato. Iis femina parua fuccedunt, triangula figura, paruis folliculis membranaceis contenta, nigra, hyppola.

polapathi feminibus planè fimilia. Planta nititur radicibus
multis ab vno, vel à multis germinibus proficifcentibus, longis, rotundis, centaurij maioris figura fimilibus, fed minoribus tamen: ftatim è térra erutis ex toto ruffis nigrefcenti-
bus, fed poftea ficcatæ radices exterius nigrefcunt, & interius ruffo colore cernuntur, à germine verò radices numero
tres vel quatuor obliquè per terram aguntur, hæ ftatim effo-
fæ fine vllo odore funt, fubftantiam raram, laxam, leuem,
ruffamque habentes, quæ commanducata croci colore tingit, & fi plufculum in ore dentibus agitetur, glutinis modo
lentefcit, fub calidumque, non expertem alicuius amaritudinis faporem guftui inducens. Hæcq. eft iftiufce nobilis plantæ delineatio in planta quam alimus in horto medico femel
obferuata. Fortaffe ætate in aliquibus, aliquatenus ipfam
mutari, æftimare non erit abfurdum. Poft triennium folum-
modo caulefcit, floret atque femina producit. Amat folùm
opacum, eius fitus vitalis eft, vt Septentrionem fpectet, orien-
teque Sole gaudet. An verò hæc planta fit legitimum rheum
antiquorum æftimanda, etiam in prefentia eft cognofcen-
dum; In difcurfu de Rhapontico euulgato demonftrauimus,
primum iftiufce plantæ radicem refpondere omnibus notis
rhei antiquorum, præfertimque Diofcoridis, cum illiufce
notas recenfendo dixerit: Radix nigra, centaureo magno fi- *In li.3. de materia med. c.2.*
milis, fed minor, ac intus rubicundior laxa feu fungofa, ali-
quantum leuis fine odore: Optimum habetur quod teredi-
nes non fenfit, fi guftatum cum remiffa adftrictione lentefcat
manducatumque colorem reddat pallidum aut quoddam
modo ad crocum inclinantem, quæ fingulæ notæ(ne vel vna
defiderata)in radicibus noftræ plãtæ cum obferuentur(quippè cum radix fit centaureo magno fimilis, minor tamen, exterius nigra, interius ruffa, quæ in ore agitata tingit pallido
colore ad crocum inclinante, atque etiam cum leui adftrictione lentefcit, fitq. ipfius fubftantia leuis, rara, laxa, fungofa,
cum remiffa adftrictione lentefcens, fine odore) quis quæfo
negabit effe legitimum rheum antiquorum? Arabes huic ra-
dici ineffe faporem amarum dixerunt. Galenus verò ait, quod *In li.1. de antid.c.14*
fi plufculum mandatur, fubacrem faporem edere. Veritas
eft, vt

eſt, vt nos obſeruauimus, rheum habere ſubcalidum ſaporem cum leuiſſima amaritudine, vel eſſe cum leui ex-calfactione ſubamarum. Itaque cum radix noſtræ plantæ omnibus ijs notis reſpondeat, verum eſſe rheum antiquorum non erit dubitandum, atque etiam non minus iſtiuſce radicis plantam itidem rhei plantam eſſe. De radice Galenus in primo de antidotis non rectè ſenſiſſe viſus eſt, qui voluerit rheum notis à Dioſcoride traditis præditum, quippè quod radicis ſubſtantiam habet leuem, laxam, raram, remiſſeque adſtringentem, eſſe adulteratum, legitimumque eſſe oportere denſum graue, valde adſtringens, quod

Capitulo
de rheo. falſum eſſe, vel ipſemet, etiam ſenſiſſe viſus eſt, in libro octauo ſimplicium, quo loco ipſe faſſus eſt, optimum rheum neceſſariò habere ſubſtantiam raram, laxam, leuem, modicèque adſtringentem. Atqui volunt hanc difficultatem acuratius cognoſcere, & complura alia de hac planta, legant diſputationem noſtram de rhapontico euulgatam, in qua omnia ad cognitionem rhei pertinentia diligentiſſimè fuère conſiderata. Liquidò igitur ex ijs cuique noſtrum conſtabit, plantam propoſitam eſſe legitimum rheum antiquorum, atque alia coniectura etiam, quod hæc planta ad lapathum accedat, (lapathi enim genere hanc ſtirpem comprehendi, nemo qui ipſam ſedulo obſeruauerit, contendet.) Quam ſane coniecturam expreſſiſſe viſus eſt Ioannes Tzetzes Heſiodi commentator, cum dixerit, lapathi radicem olim rheum à veteribus fuiſſe vocatam. atque hæc de planta rhapontici ſufficiant. Radix perpetuo ſingulares vſus habuit in medicina, miſtam enim habet tum temperaturam, tum facultatem, habet enim quiddam terreſtre frigidum, cuius inditio, eſt adſtrictio, & adiuncta eſt quædam illi caliditas: ſiquidem ſi pluſculum mandatur, ſubacre perſentitur, quin etiam aereæ cuiuſdam ſubſtantiæ ſubtilis, eſt particeps, quod indicat tum laxitas, cum læuitas: Quibus profectò non tantum conuulſis, ſed, & ruptis, & orthopnoicis, hæc radix prodeſt, ſic quoque, & liuentia, & lychenas ex aceto ſanat, & ad ſanguinem expuentes, & ad cæliacos atque dyſentericos conferat. Hi

ſunt

funt vſus ex Galeno traditi. Quibus addidit Dioſcorides
alios non minoris momenti, quippè radicem dari per os
ad magnos dolores inflationeſque, & ad lienoſos, hepati-
cos, coxendicoſque dolores, ad ſingultus, ad febres pe-
riodicas, atque ad morſus venenatos. Aliqui experientia cognouerunt radici iſtiuſce plantæ ineſſe facultatem
etiam purgatoriam, ſed minorem quam in Rhabar-
baro.

Hyoſciamus

Hyofcyamus albus Aegyptius.

Duás

De Hyoscyamo albo Aegyptio. Cap. VI.

Vas plantas Hyoscyami in Aegypto vidimus, vnam annuam alteramq. perennem. Hęc album hyoscya mum, quod femina alba producat, repręsentat, cu ius quidem seminibus Aegyptij vtuntur ad medi cinę vsum. Illa verò secundum hyoscyami genus seminis flauescentis, quam plantam affabrè delineatam dedit C. Clusius in rariorum plantarum suis obseruationibus. Ha sce duas plantas spontè nascētes olim vidimus in Aegyto, iux ta tres illas pyramides, de quibus nos in Historiā Aegyptiacā scripsimus. Albus verò hyoscyamus fruticat ab vna radice ple rumq. vnico caule semicubitali, aut aliquādo pluribus rectis, rotundis, gracilibus, folijs oblongis, latis in acutum desinenti bus, albo tomento veluti obductis, ijs folijs similibus, quæ in summis caulibus lutei hyoscyami cernūtur, vestitis. A primis verò caulibus plures alij cauliculi exeunt, ijsdem foliolis, & flo ribus præditi, summitates autem caulium habent flores hinc inde vtrinq. positos, ex suis cytinis excuntes, amplos, exteriùs albicantes, atq. intùs quasi de industria versicolores, vt in flo ribus albi digitalis visitur, à floribus in cytinis semina minuta alba succedunt, Quibus Aegyptii ad medicinam tutò vti so lent. Radix verò non dissimilis videtur lutei hyoscyami, in plu res diuisa, carnosa est, & albicat. Atq. hic est hyoscyamus al bus Aegyptiorum, cuius quidem semina alba apud nos maxi mè desiderantur. Perperam horum loco nostri pharmacopęi substituunt semina hyoscyami lutei, quæ flauescūt colore, vul gusq. hanc plantam falsò hyoscyamum album appellat. Vti lissimus est albi hyoscyami succus ad tussim, ex acri vel salsa capitis destillatione, phtisis prænunciam. Ad eandem tussim molestissimam Aegyptii, cū eunt dormitum assumūt cochlea ris mensura, semina tenuissimè trita cum pari quantitate sac chari puluerizati, plurimum enim iuuant humoris acrimo niam, & saluginem hebetando, atque somnum inducendo. Mulieres etiam ea detrita sumūt, itidem ex saccharo, ad men sium abundantiam.

Liber Secundus.   B b   Cassabel

Caſſabel-Darriya.

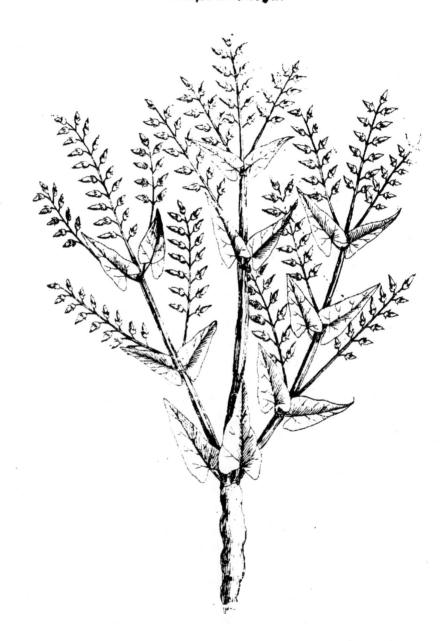

Naſcitur

De Caſſabel darrirà. Cap. VII.

Aſcitur hæc planta, vt relatione accepimus, in Aegypti locis humidis, etſi nos eo tempore, quo in ea
prouincia morati ſumus, planè latuerit. Non minus etiã in Iudęa juxta lacum Geneſareticũ voca-
tũ, & in Syriæ multis locis. Semicubitalis, & amplior frutex eſt, ferēs ab radice caulē longũ, geniculatum, ferè
ex toto rotundũ, cauũ, intùs habentem medullam albã, vt ſa-
bucus, colore fuluescentē, & eoq. ex oppoſito ramuli exeunt
rectî, geniculati, è quibus geniculis in cauliculo vtrinq. duo
ramuli exeunt, ſubtiles flores ferentes magnitudine, & figura
florum in lutea lyſimachia, à quibus ſuccedũt parui folliculi,
oblõgi, in acutũ deſinētes, nigri, ſemen nigrum, & minutũ cõ-
tinentes, folia verò bina in ſingulis caulium geniculis, vtrinq.
ex oppoſito poſita, cernũtur, oblonga, lata, interius in acutum
deſinentia, ſine petiolis adhærentia, cernuntur lyſimachiæ foliis ſimilia, ſed minora tamē. Radix eſt craſſa, lõga, in acutũ ter-
minans. Hæc planta videtur ſimilis ex toto luteæ lyſimachiæ.
Caules iſtius plantæ craſſiores non ſuperant craſſitiem digiti
minoris, intuſq. cauitatem plenã habent medulla alba, vt in
ſambuco, quibus caulibus ſicceſentibus medulla ipſorũ plurimum ſiccata, vt calami caui euadunt, fuluescunt colore, sũt
geniculati, facilē franguntur, intuſque habent medullarem
ſubſtantiam albam, quæ in ore agitata lentescit, inodori ſunt,
vel exigui admodùm, neque ingrati præſertim radix, lignum
cũ aliquãta acrimonia eſt amarũ. Quibus notis ex toto caules
ij craſſiores cũ conueniant cum calamo aromatico, à Dioſcoride deſcripto, haud iniuria omnes Aegyptii, & Arabes iis caulibus, calamis ferè ex toto ſimilibus, pro calamo aromatico vſi
ſunt, ac vel etiã nunc vtuntur. Hoſq. calamos appellant Caſſabel darrirà, vbiq. locorum in medicis officinis venales reperiun-
tur. Nos in Italia, Germania, Gallia, & in aliis prouinciis non
pauci medicorum, & pharmacopęorum ſecuti, mordicus te-
nent, hos caules eſſe legitimum calamum, ad medicinę vſum
recipiendum, de quò cum accuratè ſcripſerimus in quinto li- *4. cap. 10.*
bro de medicina Aegyptiorum, vltimò edito, nihil aliud hic
dicemus.

Mosch, idest, Bammia Muschata.

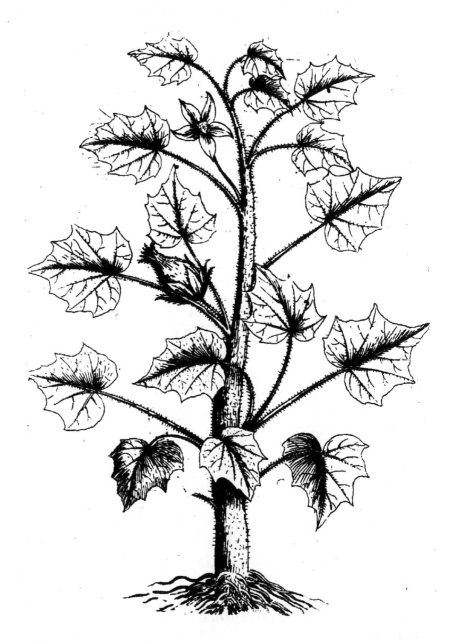

Bammiæ

De Mofch, ideſt, Bammiâ Muſchatâ. Cap. VIII.

Ammiæ ſimilem plantam Aegyptij Mofch appellarunt, & ipſius ſemen Abelmoſch,quaſi dixerint ſtirpem cuius ſemen moſchum Orientalē redolet, ab odoreq. moſchi nomen inibi inuenit, quod nimirum ipſius ſemina moſchum preſtantiſſimū colore, ſapore, atq. omniū maximè odore æmulētur, Arabes idcirco moſchum oriētalem ipſis ſeminibus familiarius ita adulterare ſolēt, vt vix à peritis adulterium cognoſcatur, quod tamen tempus poſtea detegit, quando non diù hūc preſtantem ſeruet odorem, etenim in adulterato ſuauis ille odor breui tempore exhalat, & reſoluitur. Hæc planta aſſurgit vnico caule, reċto, rotundo, canis pilis albicante vndiq. ob ſito, qui caulis æquis interuallis ab eodem exortu duo ſimul folia producit, alterum magnum, paruumque alterum lōgis petiolis ſurſum aċta, & folia, & caules omnes vndiq. pilis albicantibus aſperiſq. referti ſunt. Folia vero, & magnitudine, & figura ad ſtaphiſagriç fòlia maxime accedunt, neq. à bammiç foliis ſunt diſſimilia, hoc excepto, quod ijs longe maiora cernuntur. Flores etiam bammiæ ſerè ſimiles apparent inter alarum ſinus cum ſuis petiolis exeuntes à quibus fiunt folliculi rotundi nigreſcentes, ſemina nigra, parua, lunari figura ex toto ſerè ſimilia, abutili vulgaris ſeminibus, ſapore ſubamareſcē tia, & odore moſchi preſtantiſſimi; Tota planta calida eſt ad primum ſerè exceſſum cum humiditate emplaſtrica altheæ non diſſimilis. Quibus folia, & radix emolliunt, laxant, digerunt, ſuppurant, ſcilicet ex aqua decoċta atq. emplaſtri modo appoſita, ſemina calidiora ſunt, non ſine ſiccandi facultate, ex quibus detritis fiūt peſſus ad mulieres apnæa vexatas, ſuffituſque non minus ad menſes interceptos reuocandos. Semina detrita ad drachmam dantur vtiliſſime ex aqua caleſaċta ad frigidos cordis affeċtus, maximeque ad ipſius palpitationem tollendam.

Hippoma-

Hippomarathum ſphærocephalum.

Planta

De Hippomaratro *sphærocephalo.* Cap. I X.

Lanta ex feminibus ab Aegypto acceptis nobis na-
ta eſt ferulacea, & vmbellifera caulem ferens tri-
cubitalem, ac ampliorem, rotūdum, geniculatū,
craſſitie pollicari, & maiori etiam herbacei ſeu fe
niculi colore, obliquè ex geniculis ſurſum actum
in ſingulis geniculis ſingulos alios cauliculos o-
bliquè exeuntes, producentem, in quorum cacumine corymba-
baceæ vmbellæ cernūtur in orbem actæ, à quibus floſculi elegantes emicant violacei coloris, qui mutantur in ſemina parua
longa, tenuia, anguloſa, feniculi ſeminibus proxima, non parū
ex valido odore fœtentia. Tota planta folijs conſtat fœnicula-
ceis compluribus ab vna radice proficiſcentibus, eo ordine
poſitis, vt ſinguli ternis ramulis digerantur. Quo ſanè ordine
poſitis eſſe obſeruantur, à ſingulis caulium geniculis exeuntia, licet longè minora exiſtant, Radix vero longa eſt, alba, car-
noſa, non diſſimilis à fœniculi radice. Ex tota planta emanat
odor, & validus, & ingratus maximeq. ex ſeminibus, ex quo
capiti dolor, ſi multum olfecerimus, inducit. Semina etiam
non carent quadam excalfactione, ſtirps perennis quoad ſemina producat eſt, quippè triennio, quibus maturefactis, mar-
ceſcit. Floret in æſtate, & ſemina maturat menſe Nouembri.
Nos hanc plantam (cum plurimum accedere ad fœniculum
viderimus, atq. ipſo eſſe longè maiorem, ferreq. ſemina fœniculi, nō cachryfera) Hippomaratrum alterum ſemine non ca
chryfero, & ſpherocephalū ex vmbellis in orbem verſis, nominauimus. Differt tamen ab Hippomaratro cachryfero ſemine, & quod eò longe amplior ſit, cauleſq. & longiores, &
craſſiores ferat, & vmbellas colore violaceas in perfectum veluti orbem ſeu rotæ modo digeſtas, cum Hippomaratrum lu-
teas vmbellas habeat, & ſemina cachrys ſimilia producat.
Quales vſus hæc planta habet prorſus me ignorare fateor.
Nunc alitur in noſtro medico viridario, vel etiam frigus hye-
male ſpernens.

Braſſica.

Brassica Spinosa.

Alias

De Braſſica ſpinoſa. **Cap. X.**

Lias,cum in Aegypto eſſem,credidi braſſicam ſpi-
noſam vſq. ex Aethiopiâ delatam fuiſſe ; ſed cũ
à quodam ſtirpium ſtudioſo audiuerim ſponte
natam , & in Aegypto, & Iudęa, & in Syria con-
ſpectam fuiſſe,in eã veni ſententiam, iſtanc plantam Aegypti,& conterminarum prouinciarum,eſſe propriã.
Hæc,dum viridis eſt,decoctã ex aqua Indigenæ comedũt. Mihi etiam poſteaquam ex Aegypto patriæ reſtitutus Venetiis
ad medicinam faciendam commorabar,ex ſeminibus ab Aegypto procuratis hæc planta,& naſta,& fęliciter aucta eſt, atque eouſq. etiam, vt flores produxerit, fructus verò perficere
non potuit.Hæc planta creſcit cubitali altitudine, & ampliori
etiam multis ramis ab vna radice fruticans, longis, rotundis,
mollibus,braſicæ colore craſſis, & firmis,à quibus innumeri
alij cauliculi exeunt, in alios ramulos, plures angulos ferè facientes, diuiſi, in cauliculorum ſummitatibus fiunt plures tenues albæ ſpinæ acutæ, iuxta quas floſculi fiunt hyacinti floribus ſimiles in rubrum albicantes, quorum vnus ſolum in ramo ſingulo viſitur , à quibus fiunt fructus rotundi paruij,
ciceris fructuum magnitudine in acutum deſinentes, qui dũ
recentes ſunt,guſtui non videntur iniucundi,ſed ſiccati lignoſam duritiem,& duram contrahunt; intus colore albicant, &
exterius flaueſcunt colore.Hæc planta eſt foliacea,vt braſca,
multa folia ferens ab radice,& a caulibus, longa, craſſa,braſſicę
folijs ſimilia,quæ dum viridia ſunt videntur ſimilis ferè ſaporis, & guſtus eſſe. Folia, vt dictum eſt, dum vireſcunt,decocta
ex aqua,aut iure gallinaceo ſerculi modo comedunt,atq. etiã
non minus cruda itidem folia cum ſale.Mihi ignotum, eſt,an
apud ipſos alios vſus habuerit.

Sideritis Sambuci folio.

Ex Anglia

De Sideriti Sambuci folio. Cap. XI.

EX Anglia plantã sideritis nomine sambuci folio accepimus, nobis ex seminibus delatis feliciter natã. Quæ planta multis caulibus tricubitalibus ac aliquando etiam amplioribus, rectis, quadrangulis, cauis, geniculatis à quorum geniculis vtrinq. folium exit, atq. inter eius sinum ramuli circum caulis genicula producuntur, in quorum cacumine flores fiunt purpurei, seu ruffi, magnitudine, & figura quadantenus similes floribus rubri digitalis, qui circum caulem vndiq. coronæ imperialis modo à suis petiolis deorsum amæno prospectu pendere visuntur. Ab his succedunt folliculi parui, rotundi, nigri, in acutum desinentes, vulgaris scrophulariæ proximi, semina, nigra, minuta continentes. Folia ab vna radice complura, magna, viridia, magnitudine, figura, colore, atq. fœtore sambuci folia æmulantia exeunt. Tota planta fœtet vt sambucus. Radicibus vero nititur multis ab vno germine proficiscētibus, crassis, carnosis, mollibus, fragilibus, oblongis, eodem odore fœtentibus. Viuit hæc planta libentius in locis vmbrosis & humidis, ægerrimè in siccis, & squallidis multumq. à Sole illustratis: Verumtamen ingentia frigora hyemis nõ patitur. In multis istiusce stirpis elegantia apparet, sed præsertim in florum pulcherrimo prospectu. Nascitur facile in Italiæ etiam solo humecto, & pingui, folia primum ferens lata, & in summitate rotunda, quæ postea vtrimq. ex ala in alia folia diuiduntur, sambuci modo, quæ demum perfecte auctæ prorsus fere sambuci folijs apparent, dico prima folia ab radice excuntia. Viuit biennio, quæ, perfectis seminibus exarescit. Videtur ex fœtido odore, ex foliorum colore ex viridi nigrescente, sapore, & gustu quibus vulgaris nostra scrophularia prædita est, etiam viribus cum eadem planta conuenire. Attamen quicquam certi de ipsius viribus, & vsibus ad medicinam haud experti sumus.

Scabiofa Centauroides.

Plantam

De Scabiosa Centauroide. Cap. XII.

Lantam olim Neapoli à Ferrando Imperato viro in simplicium medicamentorum cognitione doctissimo amicoq. plurimum obseruando ex seminibus nobis natam pro centaurei maioris specie accepimus, quippe quod folijs centaureo maiori sit admodum similis. Hæc igitur ab radice foliosa cernitur, habet enim folia à radice multa, magna, nigricantia, centaurei maioris maximè similia, adeo ex ijs ab omnibus centaureũ maius primo anno fuerit iudicata. Verum anno secundo in quo caulescit fert caules per medium foliorum plures, nudos, subtiles, rotundos, ferè iunceos, rectos, bicubitales ac ampliores etiam, qui in cacumine habent capita rotunda scabiosæ capitibus similima, & floribus qui lutei sunt, & seminibus etiã non minus quæ sunt longa, & nigra. Nititur hæc planta radicibus, multis, longis, gracilibus, ab vno principio procedentibus. Hæc à nobis fuit inter scabiosã reposita, & meritò, ex capitibus, floribus, atq. seminibus, ipsam verò nominauimus scabiosam centauroidem, quod folijs maxime, vt dictum, est, ad plantam maioris centaurei accedat. Semina intensè amarescunt ex quo amarore recentiorum plures facultates non parum calfactorias in suis scabiosis cognouerunt. Quod nimirum calfaciant, siccentq. non leuiter, humoresq. crassos comminuant, ac detergant. Quò etiam viscera obstructa maximè aperiunt. Vnde nonnulli exhibent decoctum ex seminibus, ac vel etiam ex radicibus in aqua paratum, & ad luem gallicã, & ad scabiem tollendam. Aliqui eximiè commendarunt succum, vel ex folijs, vel ex radicibus expressum, aut decoctũ aut radicis, vel seminum puluerem cũ modico theriacæ antiquæ, ad pestiferas febres largo sudore finiendas. Quibus quidem viribus, & nostram Centauroidem cum eodem modo amarescat, haud carere, credimus. Viuit hæc stirps in Italia, hyemalia frigora spernens, estque perennis.

Linaria

Linaria semper virens .

Ex orientis

De Linaria semper virente. Cap. XIII.

E X orientis locis ex seminibus nobis natam plãtam accepimus perpetuo virentē, & per æltatem totã florētē, quibus botanicæ cognitionis studiosis ele gantissima planta visa est. Hæc fruticat caulibus multis bicubitalibus ac amplioribus etiam rectis, rotundis, colore in cœruleum nigricantibus, folijs vtrimque ex opposito longis, tenuibus ad linum accedentibus, restitis, quibus libuit nobis linariam istanc plantam nominari. Foliosa ab radice, est, & multum fruticosa. Caules in cymis spicæ modo flores producunt cœruleos paruos, elegantes, os veluti ranæ æmulantes, à fronte latiusculi clausiq. cum cauda tenui inflexa, vt in consolida regali à quibus semina fiunt nigra, rotunda, minutissima, paruis folliculis, rotundis, nigrican tibus contenta, radicibus verò nititur multis, lõgis, tenuibus, albicantibus, ab vno principio procedentibus. Hanc stirpem sibi plures persuaserunt esse legitimam osyridem antiquorũ de qua Dioscorides ita habet: Osyris frutex est niger, ramulos ferens tenue s lentos fractuq. contumaces, & in ijs folia quaterna, quina, senauè, ceu lini nigra in initio deinde colore mutato rubescentia, decoctum eius iuuat arquatos. Quæ planta in horto medico sata, nedum rectè vixit, at ita luxuriat atque ipsam sobole auget, vt vix modo quin totum occupet, extirpari queat, suisq. seminibus perennis redditur. Amara est, ad primeq̃. vtilis ad tollendas à visceribus obstructiones. Vnde mirũ non est, si eius decoctum sanet ictericos, & vrinam efficaciter. moueat ex quo à multis etiam vrinaria dicta est.

Boragine.

Borago echioides.

Olin:

De Boragine Echioide. Cap. XIV.

OLim ex Gallia femina accepi, ex quibus mihi tũc nata eſt planta herbacea, maximè, & in foliis, & in floribus, & in aliis ferè omnibus cum vulgari noſtra boragine conueniens, femina verò, etſi etiam colore, & magnitudine ſimilia viderentur, tamen in hoc differunt, quod in ipſis figura capitis ſerpentis obſeruetur, qua ad echium etiam accedit. Vndè non haud iniuria fortaſsè hanc planta boraginem echioidem nominauimus. Viuit hæc planta libentiùs in locis humidis, & opacis, ex perpetuiſq. eſt, folia ſapore dulcia, vt borago ferè ſentiuntur, vnde haud diſſimilem etiam viribus à boragine eam iudicandam putamus. Verumtamen fatemur nondum experientiâ aliquos ipſius vſus deprehendiſſe.

Laſerpitium.

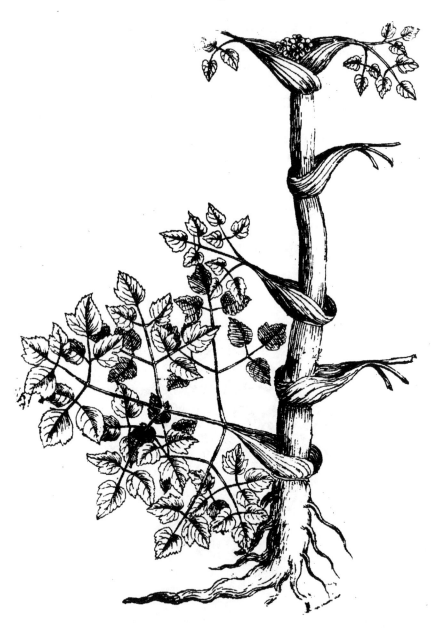

Plantam

De Laserpitio. Cap. XV.

Lantam in horto medico alimus, quam primò vidimus Patauij in Horto Bembo vocato, quo tempore illiufce horti curam habebat Horatius Bembus, ciuis Patauinus, in herbarum ftudio ad primè verfatus, & poftea in horto Perilluftrium Muffatorum, ftirpibus rarioribus maximè confpicuo. In quo horto cũ menfe Iulio eã plantã confpexerimus caule procero, longitudine triũ cubitorũ, recto, cauo, brachij craffitie, magnitudineq; lõgitudineq; ferulæ cauli fimile, quin etiã & eodem colore infecto, ita vt videretur in omnibus ei quàm fimilimus, & foliofius ab radice, foliaq; felinis foliis fimilia fert, etiã folia fylueftris Angelicæ æmulantia, licet maiora effent, atq; ipfius radicem brachiali craffitie, & longitudine præditam obferuauerimus. Iftiufceq; plantæ caulis, antequam in ipfo vmbella eruperit brachialis craffitiei effet, atq̃. in cacumine veluti conum habere viderimus, & tunc temporis magnitudine, & figurã caulem laferpitii, qui in antiquis Iouis Ammonis numifmatibus impreffus cernitur, prorfus æmulari videretur. Ferreq̃. hunc caulem in vmbellã femen latum, foliaceum, & particulatim, vt de laferpitio expreffit Theophraftus, quale eft atriplicis hortenfis poftea viderimus, atq̃. etiam (quod laferpitii proprium effe videbatur) per æftatem, quo tempore cafu eam plãtam offendi, & caulis, & radix copiofius lacteum fuccũ odoratum fundere vidiffemus, fponteq̃. ex caule, ramis, & radice, copiofum emanaret (quod lac primum colore verè lacteo cernebatur, poftea d. collectum, & aliquandiù feruatum, colore fuluefcebat, & eft odoratum, alicuius excalefactionis non expers) Tunc quippè ex iis fignis obferuatis, eam plantam Laferpitiũ effe Theophrafti, Diofcoridis, & Plinii facilè animaduertimus, quod certè fi Theophrafto, Diofcoridi atq̃. Plinio (qui foli ex veteribus laferpitii plantam defcripferunt) credendum fit, à ratione non abhorrebit, vt omnibus perfuadeatur, verũ eam plantam effe laferpitium, neque immerito ita nos ipfam plãtam nominaffe, cum præfertim eorum veterum teftimo-

Dd 2 nio

nio conſtet,olim laſerpitium fuiſſe plantam ferulaceam, cau-
lemq. habuiſſe longitudine, & craſſitie, vt ferula, in cuius cacumine producebatur ſemen latum, & foliaceum, qualis in
hortenſi atriplice(auctore Theophraſto) viſitur, foliaq. habuiſſe itidem apii foliis ſimilia, & radicem craſſam,ex qua , &
ex caule erumperet ſuccus lacteus, odoratus. Quæ ſingula cũ
in noſtra planta recte animaduertantur , mirum haud erit, ſi
nos ipſam plantam laſerpitium vocauerimus . An verò Cyrenaicum ſit,non audemus affirmare;at fortaſsè, quod vel in Syria, vel Armenia , vel in Media olim naſcebatur . Nos in apertione horti medici annis præteritis de hac planta diſcurſum
accuratiſſimum habuimus. Tota planta calida eſt,vt ex odore
grato, & ex acri ſapore coniicitur, ſed tamen non hactenus
experientia cognouimus,quos vſus ad medicinam habeat;ſin
gulis tribus annis cauleſcit,& ſemina producit, quibus maturefactis planta emarceſcit. Hanc plantam primo ex ſeminibus
ex Thracia delatis nobis natam fuiſſe, quæ in ſolo Patauino
libenter viuit,& in Sole,& in vmbra .

Lotus

Lotus Ægyptia

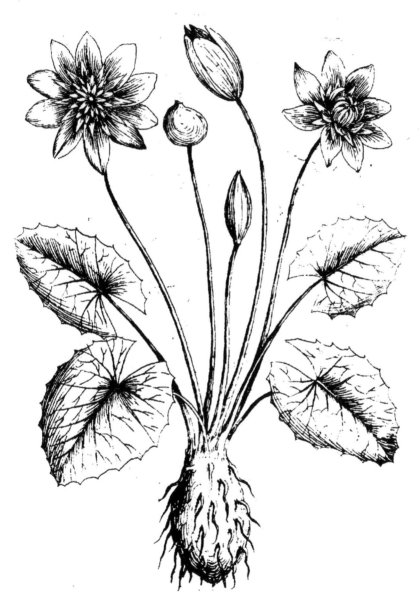

Tametsi

De Loto Aegyptiâ. Cap. XVI.

Ametfi in noftra hiftoria Aegyptiaca fatis fuperq. & de loto Aegyptia feu Nilotica, & de colocaffia egerimus,nihilominus placuit nobis, vt denuô de eadê planta ea occafione ageretur,quod Mattæus Carbonus(multos ab hinc annos in Aegypto Moratus, medicus Venetæ nationis percelebris, quiq. in ea prouincia Medicinam apud Turcas proceres, & apud alias gentes faciendo, præfertimq; ad perfanandam nationem Venetam, magnam, & laudem,& famam, affecutus eft) à me rogatus magna inibi vfus diligentia, nullis laboribus periculifq. parcens, tãdem Niloticam lotum haud procul à ciuitate Cayri,in quibufdam locis aqua Nili fluminis,eftate de more folito,aucti,inundatis, ac veluti lacunis effectis(quos lacus Birchas Aegyptii vocãt) offendit, ac nactus eft, vfq. adeo copiofam, vt folia aquæ fupernatantia iftiufce plantæ vndiq. aquam lacuum occultarêt, audiuitq. propè Roffetum (Aegyptii Raffit appellant) in fimilibus lacunis aquæ copiofæ lotum prouenire. Huius plãtæ florem cum fuo caule vocant Arais el Nil folium cum itidem caule fiue pediculo Bifelnil,atq. radicem Biarum,quo nomine etiam magnus Abimbetar fuo æuo radicem ab indigenis

In cap.de
Bifaim.

vocatam fuiffe in libro de plantis Aegyptiis fcriptum reliquit. Hac inquam occafione (quod ad me medicus hic illuftris, & plantas loti cum floribus,fructibus,caulibus,foliis atq. radicibus miferit , & accuratam defcriptionem totius huius ftirpis, & fingularum omnium partium accuratiffime inibi cũ aliis, quos fecum duxerat Mauris factam mihi per litteras fignificauerit) iterum hic de eadem planta fumma voluptate agendum non immeritò inftitui, vt ipfius veritas mortalibus tandem certa, claraq. eluceat,atq. etiam non minus, vt ftudiofi rei botanicæ ceffent amplius de Nilotica loto quicquam dubitare. Id proprii hæc planta habere videtur quod pertinet ad ipfius magnitudinem , vt Carbonus oculata fide vidit,quippè ipfam crefcere in aqua lacuftri vfq. ad aquæ fuperficiem adeo vt quanta fit in lacuna altitudo aquæ tanta itidem iftiu-

fce

sce plantæ esse videatur. Namq́. si aqua(exempli gratia) sit hominis altitudinis, eadem magnitudine lotus itidem deprehē-
datur. Vndè constat,hanc stirpem vbique locorum æqualem
altitudinem non habere, proprietasq̀. est vt in aqua solūmo-
do viuat ad eius solummodo superficiem ascendens, floresq;
numquam intra aquam aperiēs, sed supra superficiem aquæ.
Neque deprehensum est ab ipso, atq. ab iis, quos secum habuit Mauris, vt flos, & caput supra aquæ superficiem multū
ascendat, vt Theophrastus, & Plinius locuti de mirabili istiusce plantæ ad Solem conuersione affirmarunt. At de hac loti
proprietate paulò post aliquid dicemus , sed ad plantæ descri-
ptionem redeo. Primum diximus tantam esse istius plantæ altitudinem quanta est aquæ à fundo vsq. in superficiem, at ne-
cesse est tamen plantæ flores, & capita supra aquæ superficiē
aliquantum emergere, si vera est eius solaris conuersio, ma-
gnoperè ab antiquis concelebrata. Foliis vero hæc planta cōstat multis,numerosis,colore atq. figura albæ nympheæ floribus proximis, vnde nos cum Aegypti loca perlustraremus
hanc plantam in lacubus sæpius visam pro nymphea mirum
haud est, si ea similitudine decepti acceperimus,negligenter-
que,vt nunc fatemur,eam neglexerimus. Habent singula hæc
folia suos caules aut pediculos ab radice exeuntes, vt in Nymphea alba. At nedum folia Nympheæ similia habet, sed quin
etiam capita,& radicem, eiq. Nympheæ habenti radicem rotundam,quam radicem loti corsiam in nostra Historia Aegyptiaca vocauimus quam ab hinc plures annos in Margeræ lacunis propè Venetias positis inuenimus, & eruimus erutam-
que depinximus. Itaq. loti flores similes sunt albis Nympheæ
floribus, & magnitudine, & figura,& foliorum colore, atque
etiam quod singuli singulos caules virides rotundos habeāt,
in quorum cacumine positi sunt flores quam similimi albis
Nympheæ floribus, magni, candidi, aliquantulum odoris
læuissimi ad violæ odorem inclinantis,respirantes.

Flos.

Loti Ægyptiæ quatuor prima folia, florem totum
claudentia.

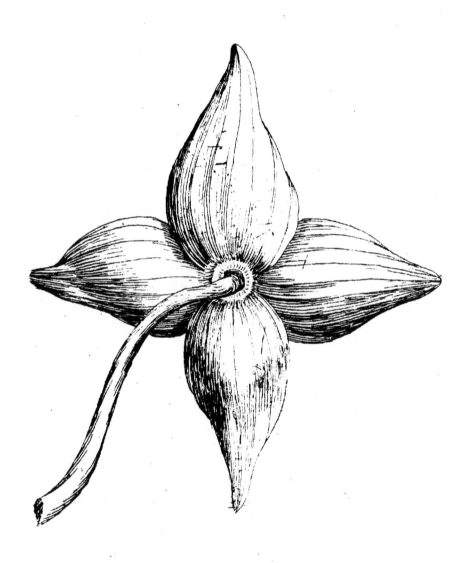

Flos

FLos vero, vt particularia attingam., quatuor primum
foliis oblongis, latis, magnitudine florum lilii, & figura,
exterius circum clauditur, quæ exterius viridi colore in nigrum inclinante spectantur, habentque exterius signa siue li-
neas quinque, vel sex, vel septem, ad plus per longum discur-
rentes, Intus verò hæc folia lenia sunt, candidaq. vt lac absque
vllo signo, vel macula. Quæ quatuor folia hac quidem, &
magnitudine, & figura exterius cernuntur.

Flos Loti Ægyptiæ,medijs foliolis arcuum. modo inflexis.

His qua-

His quatuor foliis apertis alia folia numero ferè duodecim sed paulò minora succedunt, quæ vt in Nympheæ flore excluduntur exterius, intusq. ex toto candida absq. vllo signo vel macula, atq. hic est secundus foliorum ordo. Tertio succedunt alia folia numero ferè viginti quinque ad quadragena, quæ longa, & acuta in trianguli modum, scilicet quæ à principio vsq. ad medietatem candicant, & à medietate in extremitatem, vsq. luteo colore cernuntur, per longum linea tenui recta discurrente. Sunt & alia in flore folia oblonga tenuia in obtusum angulum desinentia colore luteo, quarum quædam maiora, quartum ordinem, & quædam minora, quintū in flore ordinē facientia obseruantur, atq. in medio quædam alia folia paruissima ac veluti capillamēta crassa sursum quodam tempore intorta, veluti intrò arcûs modo inflexa, & incuruata, cumq. flores propè sunt vt folia abiicere incipiant, quippè flore declinare incipiente, in medio tamquam centrum positū adnascitur paruus globulus, durus, piperis nigri magnitudine, & colore ex quo augescēte fit magnum caput, semina continens. Huiusmodiq. est loti flos, in quo post aliquod temporis interuallum folia primo lutea defluunt, reliquis flauescentibus atq̃. paulò pôst itidem decidentibus. Inter folia verò omnia sola quatuor externa persistunt, vsq. ad fructus seu capitis perfectionem. Flos verò quando habet interna foliola sursum arcuum modo incuruata, inflexa, est istiusmodi figuræ.

Flos Loti Ægyptiæ folijs expanfis ad naturalem fere
magnitudinem.

Flos ve-

FLos vero, & magnitudine, & figura naturalem imitatus
eum omnibus folijs cuiuſq; ordinis apertis expanſisque
erit,cuiuſmodi hic pictum damus.

Loti Ægyptiæ caput, in quo femina continentur.

Floribus

FLoribus fuccedunt capita rotunda, mefpilo magno, ma-
gnoque fructui albæ Nymphæ fimilia, cortice viridi
contecta, intus veluti longos, paruofque folliculos habentia,
quæ femen continent minutum, braſſicæ femini fimile, Caules feu pediculi, tùm florum, tùm foliorum funt longi, craſſi,
vt minimus digitus, rotundi, caui, vt in alba Nymphæa cernuntur, pediculi florum ferè decem numero ab radice exeūt,
totidemque, & foliorum.

Loti Ægyptiæ folium integrum.

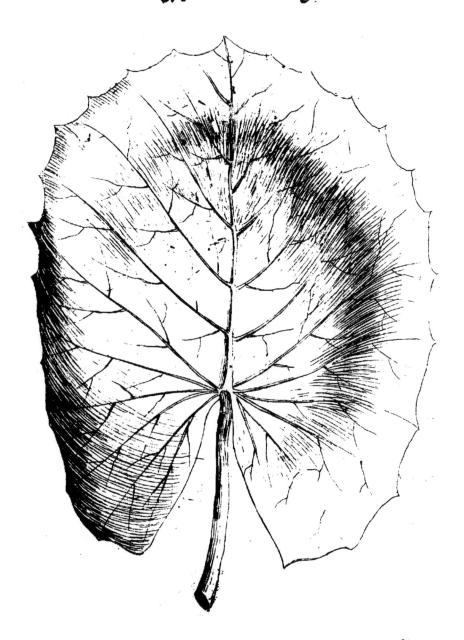

Folia

FOlia verò magnitudine, & figura Nympheæ albæ folia
æmulari videntur, vndiq. crenata funt, atq. etiam loti folia pluribus lineis vario modo per folii fuperficiem veluti ner-
uulis difcurrentibus infecta obferuantur. Colore virefcunt
in obfcurum inclinante, non diffimili à Nympheæ foliorum
colore, ita enim abûdant lacus quidam, (fed potius loca quædam campeftria, quæ vt lacunæ per æftatem ab aqua Nili fluminis aucti inundata aliquandiù manent) loti plantis, vt tota
aquæ fuperficies foliis contecta, occultetur, viroreq. eò amæ-
niffimo vndiq. oculi gaudeant. Plantaq. hæc viuens fupra
terram cernitur, quoad totam aquam terra fuerit abforpta ,
atque ficcata, quod fieri folet Nouembriø menfe, quo tempore loti plantæ fub terra occultantur , marcefcentibus tum
foliis, tum floribus, tum fructibus, cum totis fuis plantis, quò
conftat, Lotum effe annuam plantam. Hic damus folium ex
maioribus affabrè ex viuo delineatum.

Loti Ægyptiæ Radix.

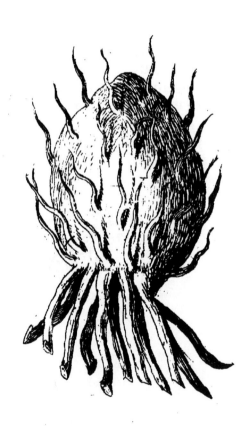

Tametfi

Adix verò cui tota hæc planta nititur rotunda in oblongum magnitudine atq. figura, vt pyrus parua, exterius nigra, intus flauescens, pulpa sanè carnosa, & dura, gustu adstringens, & subdulcis. Prorsùs verò aucta non superat magnitudinem magni oui gallinacei. Indigenæ ex iure coctam libēter comedunt, videtur cocta intus colore, oui rubrum imitari. Ab hac radice crassa, & carnosa, innumeræ ferè fibrosæ tenues, colore albicantes procedunt. Atq. hæc est Arais el Nil à Matteo Carbono descripta. Quam plantam esse lotum Dioscoridis, & Theoprasti non videtur dubitandum, cum omnes notas hæc stirps habere videatur, quas Theoprastus Loto Niloticæ tribuisse visus est, cum de ea ita scripserit: Lotus Aegyptia in planis parte maxima prouenit, cum rura inundantur. Huic plantæ caulis similis fabæ, & fructus eodem modo, verùm minores, gracilioresq. Nascitur fructus in capite modo quo in faba. Flores cādidis liliis foliorum angustia proximi multi ac densi promiscui exeunt, Sole occidente se comprimunt, caputq. integunt, ad ortum aperiūtur, & super aquā assurgunt, idq. faciūt dum caput perficiatur, floresq. defluā̄t. Capitis magnitudo, quanta papaueris maximi, & percingitur incisuris, non alio modo quam papauer, nisi quod in his fructus frequentior habetur, qui milio non ab similis est. In Euphrate caput, floresq. mergi referunt, atq. descendere vsq. in medias noctes tantumq. abire in altum, vt ne demissa quidē manu capere sit, diluculò deinde redire, & ad diem magis Sole oriente iam extra vndas emergere, floremq. patescere, quo patefacto amplius insurgere, vt planè ab aqua absit altè. Aegyptii capita ipsa acerius putrefaciunt, cumque tegumenta putruerunt; in flumine lauando separant fructum, & siccantes, pinsentesq. panem faciunt, eoq. cibo vtuntur. Radix Loti corsium appellata rotunda est cotonei mali amplitudine. Cortice nigro, quali nux castanea tegitur, corpus internum candidum, elixum, assumq. in specimen albuminis vertitur, gratū cibis, māditur etiam crudum, sed gratius decoctum seu aqua. Atq. hæc Theophrastus de Loto Aegyptia. Quibus cōstat Lotum plantam nasci in planis Aegypti, aqua per æstatem inundatis; Hiusmodiq. plantam flores ferre albos liliis proximos, à

In lib. 4. de histor. plant. ca. 10.

Ff 2 qui-

quibus fiunt capita vt papaueris capita magna, plena seminibus, milio haud abſimilibus, & radix eſt rotunda, exterius nigra, intus candida, cotonei mali amplitudine. Quod hæc planta ſit illa (quam hac noſtra ætate vocant Arais el Nil omnes Aegyptij, quo nomine propriè magis loquendo intelligunt florem cum ſuo pediculo, veluti foliū vocant itidem Biſelnil, & ab el Nil caput, & radicem Biarū) Nulli profectò dubiū debebit, cum flores ferat candidos liliis ſimiles à quibus capita producuntur, quanta ſunt papaueris magna, quæ ſemen continent milio ſimile, cum hæc planta habeat radicem rotundā, cortice nigro, & intus colore flaueſcat, ſitq. & cruda, & cocta, edulis, & præſertim cum Abimbetar medicus Aegyptius in capite de Loto, (quam plantam vocat Biſnim) dixerit radicem eſculentam Biarum ab Aegyptijs fuiſſe nominatam, quo nomine huius temporis Aegyptij itidem hanc radicem intelligunt. Vnum eſt, quod notatu dignū eſſe videtur apud Theophraſtum legi de radice, amplitudine mali cotoxi, eam fuiſſe. Dioſcorides ex Theopraſto dixit, ſimilitudine mali Cotonei, neutrum verum eſſe deprehenſum eſt, ſiquidem radix potius eſt pyriformis, & magnitudine ouum gallinaceum magnum non excedit. Libēter crediderim Theopraſtum, pro Loti corſia radice, colocaſiæ rotundæ radicem, cognouiſſe, quæ verè, & amplitudine, & figura rotunda malum cotoneum æmulatur. Accedit etiam quod addidit, intus eſſe candidam, cum loti radix exterius ſit nigra, & intus flaui coloris, vndè meritò decocta colore oui luteum æmulari, vel etiam Dioſcorides expreſſit. Quibus quidem colligo Arais el Nil Aegyptiorum eſſe legitimum lotum Niliacum Theopraſti, & Dioſcoridis. Nos verò priuſquam hanc plantam vidiſſemus, ſuſpicati ſuimus eſſe Nympheæ ſpeciem, ex ea etiam famoſa illiuſce plātæ conuerſione ad Solem (de qua abūdè ſcripſimus in noſtra Hiſtoria Aegyptiaca, cum in Margheræ lacunis in Nymphea alba eam conuerſionem fieri ſedulò obſeruauerimus, & etiā inibi inuenimus, nympheam albam radice rotunda, quam eiuſdē ferè guſtus eſſe deprehendimus, cuius eſt Arais el Nil quæ eſt Lotus Nilotica. Mirum certè eſt cur veteres Lotum nympheæ ſimilem non fecerint, & foliis, & caulibus, & floribus
bus

bus, & capitibus, ac vel etiam radice rotundæ nympheæ,
cum folia similia, & figura, & magnitudine fint, licet aliquantum minora fint, & vndiq. ferrata, & habētia longè plures neruos paruos per longum, & latū folij difcurrentes, quid
de floribus? an non ex toto fimiles funt, an non habent etiam
in medio foliola, longa, tenuia, furfum obliquè inuerfa, quæ
Diofcorides de Nymphea locutus, Crocum appellauit, caules
ijdem prorfus longi, rotundi, caui, & colore viridi in nigrum
inclinante. Quid de capitibus an non, & figura, & magnitudine, & colore, ea quæ in nymphea funt, æmulantur? in femine aliquantum differunt, quoniam nympheæ capita habent
femina longè maiora, non tamen nigra, vt Diofcorides meminit. Radix verò nympheç albe à nobis in Margherç lacunis ef-
foffa rotunda haud abfimili a loti corfia nobis vifa eft. Cuius
imaginem, & totius plantæ dedimus in hiftoria Aegyptiaca,
Addo radicem nympheæ loti corfiç habere eundem guftum,
quē Arais el Nil habere me obferuauiffe icio. Vnde mnū ɩō
eft, fi Theophraftus in libro nono de Hift. plantarum fcripfe- In ca. 13.
rit: Nympheæ radix dulcis eft, quæ nafci in lacuftribus folet, vt
Orchomeniēfi agro, & Marathone, & in Creta Infula. Bœo-
ti Madoniam hanc appellant, fructumq. mandunt, gerit folia
fuper aquam ampla, trita impofita plagæ fanguinem fiftere
traditur, vtilis & ad difficultates inteftinorum pota, Non dif- In li. 22.
Hift. na-
tur. c. 21.
fimile traditum fuit à Plinio de lotometra, quæ fit ex loto fata
ex cuius femine fimili milio fiunt panes in Aegypto, à pafto-
ribus maxime aqua vel lacte fubacto. Negatur quicquam illo
pane falubrius effe, aut leuius dum caleat, refrigeratus difficilius coquitur, fitq. ponderofus. Hunc panem vsù ad medicinā
cum nymphea conuenire vel etiam hifce verbis nobis tradidit, dicens: Conftat eos qui illo viuant, nec dyfenteria, nec te-
nefmo, neque alijs morbis ventris infeftari. Quare ex ijs nos
haud male feciffe putamus cum Arais el Nil effe lotum Niloticam Theoprafti, & Diofcoridis affirmauerimus, atq. nō minus hanc plantam inter nympheas albas effe comprehenden-
dam, & hic, & alibi demonftrauerimus.

Colocaffia

Colocaſſia macroȓiza , ideſt longæ Ȓadicis.

Flos

De Colocaſſia macroriza minore, ideſt, longæ radicis.
Cap.   XVII.

Vm Loti plãta ex Aegypto accepimus etiam
colocaſſiam mactorizam alteram, ab ea, quę,
& in libro de plantis Aegypti, & in hiſtoria
Aegyptiaca proximè euulganda delineaui-
mus haud parum differentem , illa enim
quaſi per terram repens longè craſſior, &
carnoſior viſa eſt. Hæc verò colocaſſia ma-
croriza planta eſt, & in toto, & in partibus longè minor. Folia
ſiquidem longè minora cernuntur, tenuiora, & magis in acutum deſinentia colorifque vireſcentis dilutioris pediculi itidem ſunt longè ſubtiliores, guſtus valdè acrioris, acutiorifq.
Radix verò longè gracilior, exterius obſcurior, intus non ita
alba, vt altera longa viſitur, ſaporis itidem acrioris, per rectum
autem in terra manere videtur, ſeu iacet, vt betæ radix. Numquam in ea regione viſum eſt hanc plantam caulescere, neque florem neq. fructum ferrè. Neque hæc colocaſiæ ſpeties
inibi eſt multum frequens, neque minus in vſu eſt apud eas
gentes familiarius cuiuſmodi eſt altera macroriza maior,
quæ etiam guſtui ex vire elixa eſt ſuauior, & ea Aegyptij ve-
ſcuntur frequentius, In magna enim copia inibi naſcitur, decocta ſanè dulcis redditur, omnemq. in coctura acutum, &
acrem ſaporem ammittit. Itali etiam ibi viuentes magna voluptate, & cocta, ſcilicet, & elixa, & in ſartagine frixa, veſcun-
tur. Inſuauioris guſtus eſt macroriza minor, & durioris ſubſtantiæ. Eſt tamen hæc cæteris aliis colocaſiijs, medicamen-
toſior. Decocta enim ſtomacum iuuat, appetentiam con-
citat, atq. efficacius vrinam mouet. Sed quædam me ad iſtiu
ſce ſtirpis cognitionem illiſtrandam non pigebit, & repetere,
& accuratiusconſiderare, & primum quid ſiba illa Aegyptia
apud veteres fuerit, an nunc alicubi viuens reperiatur, an ſit
colocaſsia, vel ab ipſa ſpetie diſtinguatur, quidque & ipſa colocaſsia dicatur, & ſi ad Aræenus eam referre debeamus,
non minuſque etiam ſi eam Plinius ſolus (qui Aron Aegyptium

ptium meminerit) per Ari defcriptionem intelligi voluerit.
Hæcà nobis in prefentia funt cognofcenda conftat vero (vt
rem ipfam aggrediamur) olim fabam Aegyptiam fuiffe fabam nafcentem copiofius in paluftribus , & ftagnantibus
Aegypti aquis, ac non minus etiam in multis lacubus, in Syria Cilicia, ac vel etiam (auctore Theoprafto) circa Toranam
agri Chalcidici in quodam laco, huius autem folia fuiffe
ampla pilei Theffalici magnitudine, magnum fcapum, flore
duplo maiore, quam papaueris, colore rofeo faturo: Caulem-
que quatuor cubitibus longum digiti craffitie, mollem abfq.
geniculis. Radicem verò iftiufce plantæ fuiffe arundine craf-
fiorem, acculeatam, quæ cocta, & cruda illis gentibus gratif-
fimus cibus fuit, fcilcet elixa, & affa, quæque fuerat ftomacho
vtilis multum nutriebat, tardique (quod aftringens effet)
tranfitus. Quam radicem, vt Attheneus eft auctor, Alexandrinos, & Cyprios Colocaffion, & Colocaffiam olim vo-
caffe, conftat. Hifq. notis faba Aegyptia fuit olim ab antiquis
expreffa. Hæc an nunc alicubi viuat dubium maximè eft;
quando in Aegypto nufquam hactenus planta inuenta co-
gnitaq. fit illis notis prædita, maximèque quæ thyrfum illum
longiffimum maximumque ferat cum eo amplo flore, & fabis illis pro fructú, quæ flori fuccedant, exculentis, de quibus apertè meminerunt Theopraftus, Diofcorides, Phylar-
chus, & quod edules effent, & quod, & in humido, & ficco
folo quondam ab antiquis fererentur, non in Aegypto duntaxat, fed in multis alijs locis, Nicander de ijs in Georgicis, ita
habet.

> *Aegyptiam tu fabam ferito, vt poft metas*
> *E floribus coronam texas : de lapfu*
> *Maturo fructu cibaria pranfuris*
> *Pueris , & iam pridem cupientibus in manum des*
> *Ego quidem radicem elixam in epulas promo*

Oftendunt fanè Aegyptij incolæ in lacubus, aquifque paluftribus nafci plantam radice preditam longa, craffa, carnofa,
geniculata, craffi harundini maximè fimili, guftù acri adftrin-
teque efculenta, atque in victù eofdem vfus apud Aegyptios
præbente, quos fabæ Aegyptiæ radicem olim habuiffe, côftat,

quam

quam nunc omnes colocaſſiam appellant.Quo nomine vocatam quoq. fuiſſe olim à multis fabæ Aegyptiæ radicem, ſcilicet à Dioſcoride, qui dixit fabæ Aegyptiæ radicem à Cypris Colocaſſiam vocari, & Athenæus ex Nicandro, qui ſcripſit: eam radicem Alexandrinos colocaſſiam appellâſſe.Plinius verò ſcribit, In Aegypto nobiliſſima eſt colocaſſiæ,quam Cyamum aliqui vocant,quo fit ne Aegyptiæ fabæ plantã à Theophraſto,& alijs,cum caule,flore,& fructibus deſcriptam, planè(quod nuſquam in Aegypto ea naſcatur) vbique locorum periiſſe fateantur,dubitant potius ea de faba Aegyptia (quod ſcilicet caulem ferat, florem, & pro fructu fabas edules) veteres cum errore, aliorum relatione deceptos poſteritati tradidiſſe. Vnde ij idcirco fuere haud iniuria ſuſpicati fabam Aegyptiam eſſe colocaſſiam Aegyptiam Macroriziam à nobis vocatam,ideſt longæ radicis, præſertimq. cum ea radix ſit harundine craſſior, eiuſdem coloris, exterius quippè nigricãtis,intus albi,ſaporis acris, adſtringentiſq. quæ decocta redditur guſtui iucundiſſima quamobrem illis gentibus in cibo eſt familiariſſima, eoſdemque vſus habet, & ad cibum apud Aegypti incolas, & ad medicamenta, quos Aegyptiæ fabæ radicem olim ex antiquis habuiſſe conſtat, Addunt folia noſtræ colocaſsiẹ notis omnino conuenire cum fabæ Aegyptiæ folijs, & amplitudine,& figura, eamque, & propriam ,& ſingularem notam habent, quæ folijs fabæ ab antiquis expreſſam fuiſſe viſa eſt. Maximè verò ab vno Strabone ita de ea dicente: Delectantur autem in Thalamegis nauibus denſiſſima fabeta,& eorum folijs inumbrati, quæ adeò magna ſunt, vt poculorum, & catinorum vſum præbeant, habent enim concauitatem ad id idoneam, vtebantur iis ad pocula. Hoc ſingulare in folijs vulgatæ noſtræ Colocaſsiæ recognouimus quum aquam multam ex pluuia in eam foliorum cauitatem delapſam multos dies conſeruatam , quam quiſcue commodè ebibere potuerit, ſæpius viderimus. Hinc vt fortaſſe eſt, quod multi ex antiquis , cum de faba Aegyptia egerint (quod ſcirent ipſam, & colocaſſiam vnam eandemque eſſe ſtirpem) ne verbum quidem de Colocaſſia , vt Theopraſtus , & Dioſcorides fecerunt : Idem ex Diodoro

In lib. 7. deipnoſa phiſtarũ.

In Geographiæ lib.17.

In li.de fabuloſis antiquorũ geſtis.

Siculo comprehenditur, qui duas duntaxat ſtirpes Aegy-

Colume
la in lib.
8.cap.15.
ptiis familiares expreſſit, ſcilicet lotum Niloticam, atque
fabam Aegyptiam, ne verbum quidem de colocaſſia locutus.

Paladius
de hortis
in menſe
Febral.
Eodem modo plures ex antiquis qui de Colocaſſia egerunt
minimè fabam meminerunt. Cuiuſmodi ex latinis fuerunt
Columella, & Paladius. Vtrique ſcripſerunt de colocaſſia ne verbum quidem de faba Aegyptia facientes, Idem
fecerunt, & ex Arabibus Auicenna, & Serapio, qui
de Chulcaſſia ſolummodo ſcripſerunt. Abimbetar vero
medicus Aegyptius, viſus est voluiſſe colocaſſiam eſſe quæ
habet radicem rotundam, præſertimque ad malum au-
rantium inclinantem. Qui tamen non negauit fabæ Aegyptiæ quam craſſiorem radice harundinis fecerat ſua ætate vocare colocaſſiam. Addunt ad eam ſententiam con-
firmandam complures ex antiquis ſcripſiſſe fabæ Aegyptiæ radicem Colocaſſiam appellari. Huiuſmodi fuerunt
ex Græcis Dioſcorides, Diphilus, Siphnius, atque Nicander, vt Athenæus est auctor. Hoc maius expreſſiſſe viſus
est, cum dixerit:

Colocaſsiorum fabas decorticauit, & incidit : Plinius e-
tiam vt nuper etiam meminimus faſſus est colocaſſiam, cyamum, idest fabam fuiſſe vocatam, quare nobis quidem
viſum est colocaſſiam macrozizam, eſſe fabam Aegyptiam
antiquorum, cuius opinionis fuerunt viri doctiſſimi. Her-
molaus Barbarus in ſuis corollariis ad Dioſcoridis libros,
M. Virgilius, & Aloyſius Anguillara, & alii viri vndequa-
que celeberrimi, quorum opinioni libenter nos ſubſcri-
pſimus. Sed quid ad Nicandrum qui expreſſit fabam Aegyptiam ferre caulem maximum, ſcapum magnum, floremque roſeum, magnum, & fabas eſculentas? Suſpica-
tur antiquos falſa relatione deceptos hæc poſteritati tradidiſſe; fortaſſeque caulem, ſcapum, florem, atque fructum Aegyptiæ fabæ, qui fuerat loti Nilotici attribuiſſe, cuius radix eſculenta in cibis apud eas Aegypti gentes in delitiis, est habita. Quare colligimus colocaſſiam macrorizam maiorem ex iis, haud indigne viris maximè eruditis
viſam, & creditam fuiſſe eſſe fabam Aegyptiam antiquorum

rum , eoque vel maxime illo argumento, quod illa fabæ
Aegyptiæ planta olim tam abundantius proueniens in aquis
paluſtribus , & lacubus Aegypti foliorum, caulium, florum magnitudine, fabis eſculentis radiceque itidem olim
apud omnes incolas , eſſe in delitiis habita , nullo Aegyptio non cognita, nuſquam hac noſtra ætate in tota Aegypti prouincia naſcatur , atque à nullis cognoſcatur. In
Hiſtoria Aegypti dedimus iconem colocaſiæ macrorizæ
maioris per terram harundinis radicis modo ſerpentis. Nunc
alterius non ſerpentis , ſed rectè in terra actæ imaginem
itidem damus .

Colocaſſia Strõgyloᵭriza ,ideſt, rotũndæ radicis.

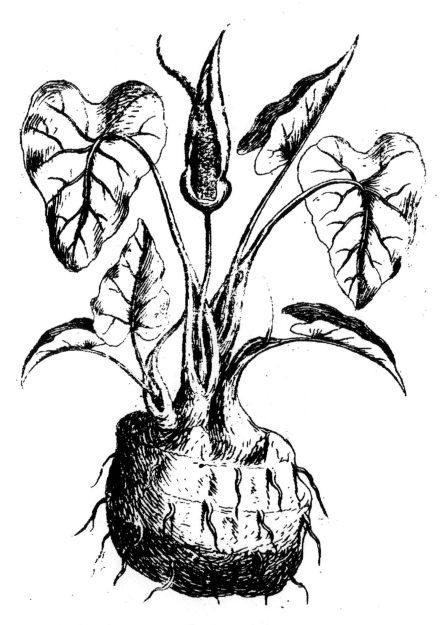

Præſenti

De Colocaſſia Strōgylōriza, ideſt, rotundæ radicis. Cap. *XVIII.*

Præſenti hoc anno M D C X I I. ex Aegypto varias radices colocaſſiarum accepimus viuentes, quaſdam longas, de quibus proxime nunc egimus: quaſdam rotundas, in quibus duas differentias obſeruauimus, ſ. quaſdā illarum magnū malum cotoneum rotundum æmulantes, quales accepi ex Antonio Antonini, qui multos annos, & Chirurgiam, & pharmacopoliā in Aegypto fecerat, quiq. proximè Venetias, ex Alexandria Aegypti venerat, hæ radices germinant vt omnes aliẹ bulboſæ faciunt in apicis radicis medio:exterius rubeſcūt, intus candicant, guſtù acres cū adſtrictione obſeruātur. Poſt aliquot menſes alias, & longas, & rotundas, accepimus ex Cairo Aepypti à Mattheo Carbono philoſopho, & medico illuſtri abhinc multos annos, vt ſuperius quoq. dictū eſt, in Aegypto medicinæ faciẽdæ cauſa, morato, amico plurimi obſeruando. De lōgis ſatis ſuperq. diximus, rotūdæ in hoc à prioribus differre viſæ ſunt quod prioribus lōgẹ maiores in latitudine qua dātenus fuerūt, & veluti cōpreſſẹ, & latẹ, quẹ id proprii habẽt, vt nō omnes in apicis radicis medio germinent at circū circa in apice, nihil germinis in apicis medio producẽtes, In colore, guſtuq. aliis ſimiles viſæ ſunt, ſed agẽ dicamus, quæ de his ſitù digna exiſtimauimus, & primo quod quẹdā illarū in hortulo noſtro floruerit, atq. poſtea an hẹc colocaſſia Aron Aegyptiū ſit æſtimāda:de qua re tametſi ſciã me abūdè ſatis diſputaſſe in noſtra hiſtoria Aegyptiaca, in preſentia maiori veritatis argumẽto (quod hāc plātā floruiſſe viderimus) rurſus accuratiorẽ ſermonẽ habere inſtituimus, & in hoc ſenſu nō dubitabimus ſepties vel etiā repetita faſtidiū ſtudioſis nullū allatura, quod id à nobis fiat veritatis dūtaxat indagandæ ſtudio, neq. immerito ſanè, cū haud nondum earū ſtirpium Aegyptiarū cognitio planè nobis innotuerit, ſed ad rẽ venio. Hoc anno inquam M D C X I I. circa mediū Iulii menſis radix colocaſſiæ rotūda, ex iis, quæ germināt in apicis medio, quā præterito anno acceperā ex Alexādria Aegypti ab Antonio Antonino, quæ erat
ampli-

amplitudine mali cotonei, in secretiori meo hortulo terræ, mense Apr.côsita,nô sine maxima,& mei,& aliorû multorû admiratione vnicûflorê produxit ex cauliculo rotûdo per pediculi vnius folij maioris fissuram exeunte, figura, & magnitudine Ari flori, quam similimum, palmarem lôgitudinem cauliculo cum flore non excedente. Primum cauliculus exijt rectus, rotundus, asparagi crassitie, cum folijs istiusce plantæ concolor, in cuius apice vagina seu inuolucrum longum, ari inuolucris similimum cernebatur minus quam in Aro admodum in subtile desinens vndiq. clausum coloris aurei, cui viride sit permixtum. Quod biduo sese per longum explicuit, floremque Ari modo exclusit digiti minoris longitudine, macropiperis crassitie, colore candido, ac veluti serpentis caudam quasi serpentis linguam foris ex ore exertam, simulantem, & post triduum inuolucrum cum flore ferè totum emarcuit, (quod non sine, multa molestia tuli) forsitan ab immodica irrigatione. Hoc igitur inquam anno in nostro hortulo colocassia rotunda floruit, & non sine multa studiosorum,& ad miratione,ac ferè non paruo stupore,quos prius nô latuerat,vllam colocassiarum,vel in Aegypto,vel in Creta, vel in Cypro, cum flore visam vmquam fuisse. In Aegypto,(vt alias quoq. dixi)mihi conscius sum,numquam colocassiarum aliquam,caulem, vel florem prôpsisse Aegyptiorum vniformi testimonio longa experientia deprehensum esse constare; Iacobus Mannus medicus Salodiensisqui ante me multos annos in ea prouincia magna cum laude ad Venetam nationem Illustrissimam sanandam,medicinam fecit, amicusmihi familiaris, sæpius quam sanctè iurauit se numquam,etsi magno studio perquisierit, potuisse aliquem florê in colocassijs videre,& multò minus aliquem Aegyptium audire,qui fortè florentem quampiam ex colocassijs viderit.Petrus Bellonius Cenomanus olim simplicium medicamentorum indagator solertissimus expressit,in suis itinerarijs obseruationibus pluries ex Aegyptijs cum rogasset,vt ipsi ostenderent colocassiarum flores,& fructus,fuisse maxime derisum, quasi rem ridiculam petijsset, qui ingenuè faterentur in eo solo numquam vidisse flores in illis plantis,neq. ab aliquo intel-

lexisse

lexiſſe eas plantas flores prompſiſſe,neq. vllos fructus:H s vero teſtimonijs perſuaſus, numquam ante hanc diem m hi po
tui perſuadere, multo minus in alijs locis colocaſſijs alienige-
nus, vmquam in ipſis plantis flores conſpectos fuiſſe, neq. in
alieno ſolo floruiſſe. Quis quæſò me de hac re fortiter repre-
hēdet? quippè quod mordicùs negauerim in Italia colocaſſias
quaſdam flores aliquando promere potuiſſe, ſi verum ſit,in
Aegyptio ſolo,illis patrio,numquam floruiſſe? Nunc verò ingenuè fateor,me falsò id credidiſſe, cum in meo horto vna,vt
dixi, ex colocaſſijs macrorizis hoc anno viuēs vnicum florem
protulerit, Quem florem viderunt plures rei Botanicæ ſtudioſi, cùm Patauini, tùm aliarum nationum, primi fuerunt
Germani tres, ſcilicet Henricus de Plettemberg liuonus, Ia-
cobus-Vvolfangus, Pömerus Norimbergenſis, & Ioannes-
Henricus Kirchbergerus Norimbergenſis,vnus ex doctiſſimis meis auditoribus,ex Patauinis verò qui multâ cum voluptate hunc florem diligenter conſpexerunt,fuit Paulus Gual-
dus Vincentinus Patauinæ Diæceſis Epiſcopi Vicarius admodùm illuſtris, generiſq. nobilitate, & proprijs virtutibus inter
nobiliſſimos præſides plurimi æſtimatus, ſimul cum admodùm Reuerendo Presbytero Laurentio Pignoria, morū ſuauitate,& reconditarum litterarum ſtudiis,editiſq.doctiſſimis
ſcriptis apud Gymnaſii Patauini, & profeſſores, & ſtudioſos
maxime celebris, cum multum itidem Reuerendo presbytero Martino Sandelli,D. Martini Patauii præſide,viro in bona-
rum litterarum ſtudiis exercitatiſſimo,Quid amplius dicam?
nònè ferè innumeri medicinæ ſtudioſi ipſum ſæpius,& videre
& reuidere,voluerūt?Suppoſita verò hac veritate, ſ. quod aliquando viſum ſit,colocaſſiarum quaſdam floruiſſe(quod &
Ferrandus Imperatus, & Fabius Columna,viri in naturæ cognitione emnētuſſimi,annis proximis me per litteras certum
fecerūt,quippè non ſemel Neapoli aliquas ex colocaſſijs flores prompſiſſe)duo nunc cognoſcenda proponimus: Vnum
quamobrem, quædam colocaſſiarum in Italia aliquādo floruerint,& in Aegypto,Creta Inſula, & Cypro locis ijs plantis
patriis,numquam:Alterum,an colocaſſia rotunda,quæ florē
fert, quod multis viris de plantarum ſtudio benè meritis viſum.

fum eft, Aron dici debeat, aut poffit. Quod ad primum pertinet,(scilicet cur fit,quod ftirpes in Italia ipfis peregrina aliquã-
do floruerint, numquam vero in Aegypti folo natiuo ac pro-
prio. Hoc aliquibus referendum placuit, in earum radicum
ftirpium pro fertili fatu deffectionem : Aegyptii enim quotã-
nis vt eas multiplicent in parua fruftula radices antiquas fe-
cant, & iis radicum fruftulis veluti paruis terra confitis bulbis,eas ftirpes conferunt,& hoc fatù colocaffiarum abundantiam,fibi Incolæ,quotannis comparant. Quò fit vt radices co
locaffiarum quotannis culturæ caufa in partes recidantur,at-
que ex iis nulla perenniter viuat, atq. idcirco ab ipfis florum,
& fructuum omnem fæcunditatem tolli. Quod tamẽ ob eam
caufam fieri multi haud iniuria negant,cum multæ ex iis ftirpibus fint,quarum' radices fatus caufa non fecantur, quippè
fylueftres perenniter viuentes,quas tamẽ omnes fteriles fuiffe in eo folo conftat. Nos vero iftiufce varii euentus caufam
referendam putamus, in Aegyptium folum in quo eæ ftirpes
viuunt pinguiffimum,aqua Nili fluminis,omnium aquarum
optima abunde irriguum, atq. humens. In quo folo maxime
hæ ftirpes luxuriant, plurimumq. & in foliis, & in radicibus
augentur, indèq. radices maximè multiplicant, vt ob hanc
caufam,& floribus,& fructibus fteriles reddantur;Non fecus
quam fiat in omnibus plantis bulbofis maximeq. in narcyfis,
hyacinthis,bulbis eryophoris,bulbofifq. iridibus,& aliis fimi
libus. De quibns è topiariis quotannis obferuatur, quæ ex iis
plurimum in radicibus augentur,atq. eas multiplicant in terra,minus florum, vel nullos ferre: Vnde fit, quod qui ex bulbofis plantis plures flores videre cupiunt,bulbos fingulo triẽ-
nio(quo tempore plurimum in radicibus multiplicant)à terra eruunt, quos denuò in terra macra, cretofa , & mala confe-
rentes florum abundantiam fibi comparant, quoniam in ma
cro,& ficco folo neq. in radicibus multum augentur,neq. eas
multum multiplicant, vnde ftirpium humor prolificus furfum in caules abundantius ex radicibus fertur, ad flores pro-
ducendos. Idem etiam euenire colocaffiarum bulbofis radicibus credendum videtur, quia in Aegyptio folo natiuo pin-
guiffimo,optimo,maxime Nili aqua irrigato(quod Aegyptij
ita

ita procurant ad augendas colocaſſiarum radices, & ad eaſdem, quæſtus cauſa, multiplicandas) conſiti ipſarum bulbi,
plurimum aucti, plura eademq. ampliſſima folia cum maxi-
mis ſuis pediculis ſuppetunt, atq. ab ipſis radices fiunt maxi-
mæ, craſſiſsimæq. & in numero plurimum multiplicantes, In
quibus, (quod in ipſis nutriendis, augendis, & multiplicandis
ferè ex toto humor alimentalis abſumatur) mirum non eſt, ſi
floribus fructibuſq. ſterileſcant In ſolo verò Italiæ illis pere-
grino, minuſq. congruo, & pingui, cum eæ ſtirpes nedum in
ſolijs, & radicibus multum non augeantur, at quinimmo plu
rimum decreſcant, minoreſq. radices, numeroq. pauciores
ex ea incongrua terra reddantur, mirum non eſt, ſi (humido
alimentali partes ſuperiores petente aliquando flores progi-
gnerint. Itaq. in radicibus colocaſſiarum amplis, craſsis, &
multum ab eo ſecundiſsimo ſolo enutritis, quæ ad nos ex Aé-
gypti, aut ex Cretæ, aut Cypri aquis ſtagnantibus erutæ, defe-
runtur, oppoſitum fieri obſeruamus ſcilicet, vt dictum etiam
eſt, eaſdem radices magnas, craſſiſsimaſq. in Italico ſolo con-
ſitas, viuenteſq. multum decreſcere, parumq. vel nihil haſce
radices multiplicari. Quò mirari meritò non oporteat ſi ali-
qua ipſarum fœcundior in partibus ſupra radices poſitis eſ-
fecta, viſa ſit aliquando florem atque fructum protuliſſe:
Radix autem quæ in meo horto hoc anno vnicum florem
tulit, proximo anno ad me delata, erat magna, rotunda, vt
maximum malum cotonéum cernebatur. Hęc cum multis a-
lijs radicibus in horto poſita, citò germinauit, multaque folia & ampla produxit, Hyeme verò ineunte, ex terra eruta, perlota, à terraque deterſa, & ſole per aliquot dies probè ſiccata, per totam hyemem in meo cubiculo lignea
pyxide clauſa, conſeruata eſt, quæ è terra eruta longè minor, quàm fuerat poſita euaſerat, nihilumque multiplica-
uerat. Hanc vere incipiente, ſcilicet menſe Aprili, anni
preſentis in eadem terra poſita, tardiùs quam fecerit
anno præterito, germinauit, vixque folia tria, neque ampla promptſit, tardiuſque etiam aucta. Ex fiſſura verò
vnius pediculi foliorum inferius, cauliculum excluſit ſe-
mipalmo altum, rotundum, craſsitie calami gallinacei

atque cum foliis concolorem, cumq. cæteris notis nuper ex-
preſſis. Aliæ colocaſſiarum radices eodem tempore, quo ea,
terræ conſitæ, folia longè plura, atq. ampliora produxerunt
vnde nullum forſitan ob id florem itidem protulerunt. Nos
digna relatione certi facti ſumus. Ex colocaſſiis tantummodo
ſtrogylorizis quaſdam in Italia flores edidiſſe, aliquando vnū
interdum duos, & nonnumquam etiam tres, ex ipſis verò fru
ctus vt ſit in Aro in piſtillo rotundo productos numquā per-
fectam maturitatem accepiſſe. His præmiſſis vnum ſupereſt
cognoſcendum (de qua re alias ob ter accuratius plura animaduertimus) ſcilicet an colocaſia ſit Arum Aegyptium.
Quod verò ex antiquorum lectione poſſit cognoſci puto eſſe
difficillimum. Si quidem nulli ex veteribus Arum Aegyptio-

lib h. 24.
cap. 16.

rum meminerint, vno Plinio excepto qui de ipſo ita ſcripſit:
Eſt inter genera bulborum, & quod in Aegypto Aron vocāt,
ſcillæ proximum amplitudine, foliis lapathi, caule recto duū
cubitorum, baculi craſſitudine, radice mollioris naturæ, quæ
edatur, & cruda. Mirum eſt, ex quo veterum ſcriptorum, hāc
Ari deſcriptionem. Plinius fuerit mutuatus. Non ex aliquo
Græcorum cum nemo illorum Aron Aegyptium meminerit, non inquam, Theophraſtus, non Herodotus, non Dioſcorides, non alius ex Græcorum ſchola. Niſi quis putet Galenū

In c. 63.

iſtanc plantam fortè nobis indicaſſe, cum de Aro in libro ſecundo de alimentorum facultatibus hæc ſcripſerit: Ad Cyre-
nem autem planta hęc à noſtrate eſt diuerſa, nam in illis locis
Arum minimè eſt medicamentoſum, & acre, vt rapis etiam
ſit vtilius. Idcirco hanc quoq. radicem in Italiam aduehunt,
vt quæ longiori tempore imputris, & ſine germine poſſit perdurare, Hæc Galenus: ex quibus liquidò conſtare viſum eſt,
Arum, non Aegyptium, ſed Cyrenaicum nobis Galenum expreſſiſſe. Non tamen negandum duxerim, nos poſſe exinde
ſuſpicari huiuſmodi Arum, quod ſit vulgaris Colocaſſia, quā
fabam Aegyptiam eſſe haud iniuria multis creditum eſt, ea-
que præſertim coniectura, quoniam fateatur, hanc radicem
nihil medicamentoſi habere, & in cibo eſſe rapis vtiliorem;
atq. etiam quia de ea dixerit: idcirco hanc quoq. radicem in
Italiam aduehunt, vt quæ longiori tempore imputris, & ſine
germine

germine poſſit perdurare, Notæ profectò illiuſce Cyrenenſis
Ari eædem videntur cum notis colocaſsiæ. Etenim ne vel colocaſsiæ radix rapis guſtûs ſuauitate in victu cedit, rapis enim
longe acrior eſt, parum acrimoniâ à vulgari Aro differens, ſed
elixata, vt rapa dulceſcit, acrimoniâq. exuitur, quæ etiam id habet amplius, quod imputris, & ſine germine poſsit longiori
tempore perdurare. Indeq. fit, vt ex Aegypto, & Creta Inſula
& Cypro ſuis natalibus, & in Italiam, & in alias longinquas,
exteraſq. nationes incorrupta, & ſine germine conuehatur.
Cuiuſmodi radices fuerunt, quas anno proximo accepimus
ex Aegypto, quæ integræ, imputres, ſine vllo germine ad nos
peruenerunt. Verum enim vero, licet Galenus eo modo ſuū
Cyrenaicum Arum ita expreſſerit; tamen non neceſſariò indè colligi poteſt, arum illud colocaſſiam ſtrōgylotizam eſſe :
at potius credendum videtur, illum deſcripſiſſe Arum ſpecie
diſtinctum à Colocaſia, vnum idem ſpecie, cum eo, quod Dioſ-
ſcorides, & Theophraſtus nobis deſcripſiſſe viſi ſunt, quodq.
in Græcia, Aſia, & in Italia ſpontè naſcitur, à Cyrenaico ſoū
modo differens quia eſt admodum acre, & medicamentoſū,
idcircò minimè eſſe eſculentum, & in cibo vtile, vt Cyrenaicum, ex illius ſoli ptoprietate dulce, exculentumq. redditum
cuius vis acrimoniæ expertem ſubſtantiam nactum, vt esù ipſis rapis, (decoctum tamen, non crudum, cum multùm habeat acrimoniæ) ſit vtilius. Non enim ibi Galenus totam Ari
illius Cyrenenſis plantam cum ſingulis ſuis partibus, delinea-
uit. Quare Plinius eam ſari Aegyptii deſcriptionem ex Galeno mutuari non potuit. Multò verò minus ex Theopraſto, &
Dioſcoride, qui Arum meminerunt medicamentoſam, in
Græcia, in Aſia, & in Italia ſpontè naſcens. Ex antiquorū itaq.
lectione, non video, quomodo poſſimus, quid ſit Arum Aegyptium cognoſcere, quin imò antiqui ſcriptores de omnibus
radicibus eſculentis, quæ fuêre Aegyptijs ad cibum familiares, adeò confuſi, & diſcordes fuerunt, vt vix quicquam certi
à nobis ſciri queat. Etenim quidam illorum duo ſolummodo radicum bulboſarum eſculentarum genera illis gentibus
olim familiaria fuiſſe, poſteritati tradiderunt, vt pote Lotum
Niloticam, Aegyptiamuè vocatam, atq. fabam Aegyptiam.

Haſce duas ſtirpium radices ſolummodo Aegyptijs notas fuiſſe, ſcripſerunt, Herodotus, Diodorus Siculus, Theopraſtus, atq. Dioſcorides, Plinius, Arum Aegyptium addidit, ex latinis etiam Columella, & Palladius colocaſſiam tamquam ſtirpem Aegyptiam adiunxerunt. Neq. concordes etiam fuerunt in harum ſtirpium partium deſcriptione: De loto Theophraſtus eius radicem, & rotundam eſſe ſtatuit, & mali cotonei amplitudine eam cōſpici. Quod falſum eſſe, olim in Aegypto animaduertimus, quando, (vt alias quoq. de loto Aegyptio ſcribentes, notauimus) Planta Arais el Nil ab Aegyptijs vocata, ſit legitima nullo Aegyptio reclamante, lotus Nilotica antiquorum, quæ tamen fert radicem, & magnitudine, & figura, nuci luglandi omninō ſimilem, aut pruno oblongo. Quid amplius? non'nè vniformiter Theopraſtus, Dioſcorides, Nicander, & Plinius caulem fabæ Aegyptiæ, dupla papaueris amplitudine, ſiorem papaueris itidem ampliorem roſeum, atque fabas eſculentas, vt etiam dictum à nobis eſt, tribuerunt? de quibus ſuperius ſatis dubitauimus, cum nuſquam in ea prouincia in aliquibus plantis maximi ij caules, flores, atque fabæ illæ eſculentæ reperiantur, néque ab aliquo Aegyptio cognoſcantur. Neque aliquis nobis obijciat, dicens: Andreæ Matthiolo eam plantam non fuiſſe ignotam, cuius delineatam imaginem nobis in ſuis ad Dioſcoridem commentarijs doctiſſimis dedit. Ego, etſi numquam de Mattheoli ingenuitate dubitauerim; tamen dubius ſum, quod & in Hiſtoria Aegyptiaca dixi, ne fuerit à ſuo BuſbeKe deceptus, qui fictæ ſtirpis imaginem (det veniam mihi) ab eo receperit; ego ſpero breui tempore de iſtac planta adhuc firmiorem notitiam me aſſecuturum iri. Atq. etiam ex eo fabæ Aegyptiæ icone magis dubitaui, quod eam viderim ſpinis carentem: de quibus Theopraſtus inquit: Radix enim valida eſt, nec procul harundinum ſtirpibus, verum ſpinis ſubhorrens, quamobren Crocodilus eam refugit, ne occurens oculo offendatur, quoniam acutè non videt. Sed quid de Plinio dicemus? qui ſingula, ſed cum errore, ex Theopraſto mutuatus eſt? Cum errore (inquam) dico, quod ſcripſerit; fabam Aegyptiam naſci in Aegypto ſpinoſo caule, quā de

In lib. 4. hiſt plāt. cap. 10.

In li. 18. cap. 12.

de caufa Crocodili oculis timentes refugiunt,fed quid de co- Io li. 20. cap. 15.
locaſſia? cum ipſam cyamũ,ideſt,fabam appellari tradiderit?
fateaturq. habere thyrſum,caulemq. coctum eſſe araneoſum
in mandendo. Quibus ſanè ita cognitis auderem affirmare veteres hos ſcriptores nunquam prædictas plantas viuentes cõ-
ſpexiſſe. Reſtat vt preſentem diſputationem abſoluamus,quę-
dã de colocaſiis rotundis conſiderare,quippè quid ſint, quo-
tuplicis differentiæ,atque an rotunda Arum dici queat.Colo-
caſias vero dictum eſt eſſe ſtirpes in aquis paluſtribus, & la-
cunoſis ſponte naſcentes folijs amplitudine,& figura, ad per-
ſonatiæ maioris,vt etiam Plinius expreſſit, radicibuſq. craſſis,
carnoſis, bulbôſiſq. quæ decoctæ apud Aegyptios ad cibum
in delitijs ſunt. Hæ verò figura differunt, quoniam quædam
macrorizæ ideſt longæ radicis,ſunt de quibus proximo capite
diximus; quædam ſtrogylorizæ, quarum aliquæ, in apicis radicis medio,germinant,atq. hæ profectò ſunt,quæ aliquando
florent.Altera eſt ex ſtrogylorixis quæ longè maior eſt, quam
maximum cotoneum ſit, ſed breuior magis inſeipſam com-
preſſa, quæ non in medio apicis extremi, ſed circum apicem
germina producit, vnde pars in apice media germinibus va-
cua eſt. An colocaſſia rotunda ſpecie differens ſit, à macroti-
za, quam credidimus eſſe fabam Aegyptiam antiquorum. De præce ptis rei tu ſticæ ſit. 24.
Palladius fortaſsè viſus eſt pro colocaſſia radicem ſtrõgyloti-
zam eſſe intelligendam, cum in eius ſatù dixerit,bulbos, eſſe
conſerendos, quo nomine rotunda radix exprimi videtur, cũ
bulbi omnes ſtrõgylorizi ſint. De hac colocaſſia ipſa ità ſcripſit: Hoc menſe colocaſſiæ bulbos ponemus. Amant humi-
dum locum, pinguem,maximè irriguum, circa fontes lætan-
tur, & riuos, nec de ſoli qualitate curant, ſi perpetuò foueantur humore. Frondere propè ſemper poſſunt, ſi tamquam citreta tegumentis defendantur à frigore. Dubitandum videtur, an ſtrõgyloriza colocaſſia ſpecie differat à ma-
crotiza, ego quidem puto eo modo ſolum, quo rapum ſtrõ-
gylorizum differens videtur à macrorizo, quippè ambas ei-
ſe colocaſſiam,conuenireq. ſimul in foliorum, & amplitudine,& figura, non minuſq. etiam in radicum ſapore, & guſtù,
& qualitate ipſa **medicamentoſa**, ſed tamen **nondum eſt**
depre-

deprehensum, macrorizam colocasiam alicubi florem pro-
tuliffe. Quibus colligo, colocassiam strõgylotizam, idest rotundæ radicis, specie non differ, à macroriza, idest longæ radicis: Vtramque, eosdem, & ad medicinam, & ad cibum v-
sus habere, coctasq. in cibo rapis meritò esse vtiliores: Demũ
colocasiam rotundam quadantenus cum Aro conuenire, nõ
negamus, cum habeat folia similia, radices, & flores, eodem
modo, atq. in pistillo fructus producat quam similes, nihilominus non concedam, ex hac similitudine Colocassiam Arũ
esse, quinimo specie ab ipso differre, longè plures sunt differẽtiæ, quibus ab Aro interstinguitur colocassia, quàm sit cum
ipso similitudo, si de folijs loquamur. Ari folia, aliã magnitudine, & aliâ figura cernuntur, maculosaq. omnia sunt: colocassiæ verò longè maiora latiora, & longiora, absq. vllis maculis
infecta apparent. Ari quoq. flos similis colocassiæ flori, sed
differt, quod colocassius flos tenuitate plus ad arisari florem
conuenit, atq. in figura. Ab Ari vero, & arisari flore colore
candido differt, fructusq. etiam non illius colore facit. Ari vul
garis radices quod sint paruissimæ nullam cum colocassiæ radicibus habeant conuenientiam. Est verò Ari mõtani, de quo
postea scribemus, radix ad modum similis, sed id proprij habet, in quo à radicibus colocassiæ differens est, quod diù eruta è terra, non seruatur viuens, neq. germinet, vt radix colocassiæ extra terram eruta, sed tempore siccatur, exarescit, nullis prius germinibus productis. Sed quid de Aro magno Andreæ Cesalpini sponte in Siciliæ aquis proueniente, quã plantam ait vulgo colocassiam vocari, dicemus? An erit colocassia Aegyptia? nequaquam; cum habeat folia maculata, erit ve
ro Arum esculentum cum sit innocentis gustus, & fortasse
erit Arum Theophrasti de quo in libro septimo de historia
plantarum, dixit: Habere folium cum latitudine cauum, &
cecumeraceum, & in libro septimo de historia plantarum
itidem scripsit: Ari quoq. radix cibo idonea est, & folia eius-
modi decocta in aceto mandi nimirum possunt, suauis profectò. & adfracta vtilis est. Hæc vt incrementum capiant, cum
folijs luxuriatur, quemadmodum ampla sparguntur folia de-
flectentes ipsas circum obruere solent, quo planta non in germina

Cap. 12.

Cap. 11.

mina excrefcat, fed totum alimentum in fuum attrahat caput, quod vel in bulbis nonnulli incomponendo facere af-
folent: fed quid tandem de differentia colotaffiæ ab Aro
ex ipfius viribus , & efculenta facultate dicemus. Radix
colocafsiæ dulcis eft cum acrimonia, qua decoÃta ex toto
exuitur, atque non leui adftriÃtione . de qua idcirco Abimbetar medicus Aegyptius dixit Radieem colocafsiæ decoÃtam omnem acrimoniam dimittere , reddique cum
adftriÃtione vifcidam, indeque effe quod ea fit craffi nu-
trimenti , & tardè concoquatur , ftomachoque grauem
moleftiam inducere , neque eft quod aliquis dicat Diofcoridem, vel etiam de Aro dixiffe Radicem eius decoÃtam
cum minus acris fit edi, quod, & nos fatemur, fed ea tota acrimonia , vt colocafsiæ radix non exuitur , fed acris
remanet poft coÃturam etiam, proinde comeditur fane a-
cris , & medicamentofa , vt reÃtè Galenus de hoc eodem
Aro fenfit , vnde meritò dixit habere facultatem incidentem, extenuantem , atqne detergentem , quod prorfus,
opponitur facultati colocaffiæ, quæ eft dulcis adftringens
infarciens, & obftruens , Galenus de Aro in libro fexto
fimplicium fcribens dixit: illius radices habere facultatem
detergentem mediocriterque incidentem crafsitiem humo-
rum, Quod verò etiam ex Diofcoride cognofcatur , radicem Ari decoÃtam effe calidam , incidentem , & detergentem, neque pro alimento edi , fed pro medicamento
ex eo liquidò apparet quod Diofcorides fubiunxerit, Ari
radicem , femen , & folia dracunculi vires habere , cuius
quidem nemo inficias ibit , effe multum acres , & cali-
das. Quare ex facultate etiam colligimus colocafsiæ radicem effe diuerfam ab ari radice. Hanc effe detergentem,
& illam infarcientem. Quomodo itaque eæ ftirpes , quarum vires diuerfæ contrariæque exiftunt, non differunt
fpecie? Neque eft inferendum, colocaffia Aro eft fimilis
ergo fpecie Ari comprehenditnr, Rheum eft fimile rha-
barbaro, non tamen vt nos in traÃtatù de Rhapontico o-
ftendimus vtriufque radicis planta vna eademque eft. Florem fert arifaro longè quam Aro fimiliorem folia magis
ad

ad perſonatiam , vel ad petaſitem ; radicem vero vulgari
Aro prorſus diſſimilem habet , ſimilem vero Aro noſtro
Montano. Sed facultate omnibus Aris diſſimilem , vel melius dicam contrariam , cum eæ omnes admodum acres ſint,
ita vt ne vel etiam coctura acrimonia exuantur, vnde medi-
camentoſæ detergentes, omnes comprehendantur , collo-
caſſiæ vero, quod coctura omnem acrimoniam dimittant,
redduntur omnino alimentales craſſæque ſubſtantiæ atque
viſcidæ, facultatisque ad id infarcientis, & obſtruentis, quod
itaque collocaſſia ab Aro ſpecie diſtincta ſit , mirum haud
eſt ſi nulli veterum ſcriptorum colocaſſiam arum vocarint,
excepto Plinio qui de colocaſsia, & faba Aegyptia omnia
ex antiquis, magna tamen confuſione accepit, vt ei nulla
fides ſit adhibenda, idem & nos ſuſpicamur ipſum in Ari
Aegyptij deſcriptione itidem fuiſſe : Viſum enim nobis eſt,
quod & M. Virgilius antea nimaduerterat, Plinium illis verbis dracunculum, & non Arum Aegyptium ex Dioſcoride, qui ſcripſit maiorem dracunculum habere ſolia rumi-
cis, ideſt lapati, radicem grandem , rotundam, habereque
caulem rectum bicubitalem baculi craſſitudine. Quis non
ſuſpicabitur Plinium ſua illa deſcriptione Ari Aegyptii ex
Dioſcoride non colocaſsiam Aegypti, ſed maiorem dracunculum delineaſſe ? præſertimque cum dicat habere caulem
bicubitalem , rectum baculi craſſitudine, qui eſt dracunculi maioris, non colocaſſiæ caulis , cum illa caulem do-
drantalem ferat minimèque bicubitalem Colligamus itaque colocaſsiam non eſſe Arum, ſed cum ea planta quandam habere ſimilitudinem , qua tamen non impediente,
colocaſſia erit planta ab aro ſpecie diſtincta, ſi enim arum
fuiſſet ex veteribus , plures ipſam aron vocaſſent, neque
ſpurijs Dioſcoridis nominibus prorſus fidendum etſi apud
ipſum legatur, Arum Cyprijs dictum fuiſſe colocaſsiam ,
cum nuſquam alibi, vel apud ipſum vel apud alios id
habeatur. Quod ad colocaſſiæ facultates attinet ex ijs
quæ nuper dicta a nobis ſunt conſtabit ipſam calidam
primo exceſſu leuiterque ſiccam eſſe, adſtringere, infar-
cire meatus, eoſdemque obſtruere, Serapio ex Aben Meſuai

hanc

hanc radicem humiditatis pinguis non esse expertem statuit,
qua augeat semen atque Aegyptij ob id affirmant decoctam
mouere libidinem, & hæc de colocassijs.

Sinapi Marinum Ægyptium,

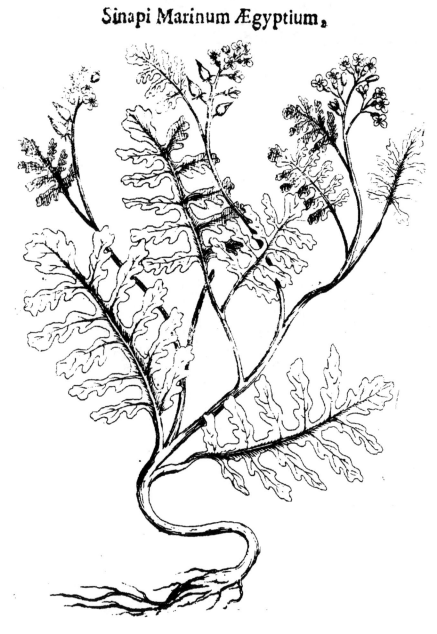

Plantam

De Sinapi marino Aegyptio. Cap. XIX.

Lantam nobis ex seminibus ex Aegypto delatis natam in horto habuimus, quæ ex vi a radice longa, gracili, lignosa, alba, caule vnico, vel duplici, assurgit, rotundo, rubescente, pingui macropiperis crassitie oblique sursū, & non rectè in aere recto, qui hinc inde inæqualibus interuallis fert alios cauliculos in apice habet flores cæruleos, vt in Leucoijs paruos à quibus deflorescentibus succedunt siliquæ paruæ, tenues, oblongæ, in acutum desinentes quæ habent minuta semina rotunda, gustu acerrima ad rutæ odorem inclinantia, folia hæc planta habet pauca longa & lata vtrinque foliolis oblongis ordinatis quinis, serrationis, aut cinerariæ modo crenatis crassis, pinguibus, & succosis erucæ colore & quandoque rubescentibus, tota hæc planta valde acris est, & ad erucæ odorem aliquantenus inclinare videtur. Similis nobis visa est erucæ marinæ Myconi, sed tamen ea non est, quoniam habet folia maiora, & nihil in gustu amaritudinis præbeant, sed solum acrimoniam, quæ non rutę esse videtur sed sinapi, & cum cæteræ notæ à sinapi siluestri non abhorreant sinapi marinum esse idcircò credidimus. Neque chaKile etiam Serapionis esse poterit, cum rō habeat saporem salsum similem nitro, qualem saporem chaKle habere, ex Abice Serapio expressit. Calida hæc planta & sicca tertij ordinis ex valida acrimonia meritò esse videtur, omniūque maxime semina, quo ob id erunt efficacissima trita, & ex vino epota ad mouendam vrinam, quod nimirum crassos humores incidant, extenuant. Audio etiam dari aquam stillatitiam ex tota planta prolecta ad mouendam vrinam, darique etiam ad flatulentos dolores quamcunque partem corporis diù vexantes, nonnulli folia, & germina, in acetarijs edunt, atque etiam decocta ad frigidum stomachum roborandum.

Marum Ægyptiorum.

Nafcitur

De Maru Aegyptiorum. Cap. XX.

Ascitur in Aegypti locis siccis, & squallidis iuxta ædificiorum rudera planta quædam odorata, quę caulem vnum ab radice promit cubitalem, & ampliorem etiam geniculatum colore albicantem, ex geniculis vtrimque folio, longo, crasso, hormino syluestri, & magnitudine, & figura proximo, inodoro, ac ferè insipidi saporis siccantis cum quadam leui adstrictione, & lanugine alba adeo vt ex singulis geniculis duo folia cernantur æquè ex opposito posita, & hoc obseruatur in parte inferiori ipsius caulis, in parte verò superiori scilicet, à medio caulis supra vrrimque ex geniculis exeunt vna cum folijs ramuli graciles, breues, quadrati, qui vtrimque in geniculis ferunt flores albi, sclareæ seù herbæ Sancti Ioannis floribus quam similimi, qui vnà cum suis foliolis grauem odorem præualidum, respi rant, non tamen ingratum, quibus succedūt in suis paruis techis oblongis semina parua, rotunda, brasicæ seminibus similia, acutum odorem respirantia. Cauliculorum omnium cymæ cum folijs, floribus, & cauliculis sunt admodum odoratæ. In vmbra siccatæ seruātur ad vsum vestium, illis enim insertæ ipsas tuentur à teredinibus atque odorem gratum indu cunt. Siccati verò ij cauliculi validum odorem in suauiorem mutant. Vnde flores & semina calefacientis sunt facultatis, digerentis, & resoluentis, vsumque folia sed præcipuè cymarum, ad dolores frigidos, & flatulentos ex vino decocta, atque dolenti parti apposita, mirificum præstant; Item foliorum succus ex aceto, & melle ad panas ex facie delendas præstat.

Cardus

Cardu minim.

Ex femi-

De Carduo minimo. Cap. XXI.

EX feminibus etiam nobis nata eft, quã pro Carduo minimo, ex Creta infula accepimus,& carduo efcu lento, namq. calyces echinati, nondum dehifcen tes teneros, & dulces, ea gens cum fale, & pipere auidiffimè comedunt, inquiuntq. non fegniter venerem ex citare elegantiffima quidem planta eft, quæ ab vna radice lõ ga, tenui ad palmarem magnitudinem affurgit folijs longis, oliuaceis attractilis fimilibus, fed minoribus, & mollioribus, fpinulis tamen armatis, caulibus vero multis obliquè exeun tibus, quorum quilibet vtrinque duos furculos, fed inæquali interuallo ex caule exeuntes habet, in quorum medio calyx, echinufuè breui pediculo cæteris maior, attractilis echino nõ maior exterius fpinulis multis numero plerumq. trefdecim tenuiffimis per longum ipfum calycem veftientibus, arma tus, tantoq. artificio ijs fpinulis tenuiffimis reticulæ modo à natura elaboratis,vt vix aurifex peritiffimus id opus facere po tuiffet. Hic echinatus chalyx fuo breui pediculo inhæret,cum tribus foliolis oblongis, oliuaceis fpinulis armatis ferè ftellæ modo actis, finguli vero alij cauliculi in apice ferunt eofdem calyces fpinofos, fed illo qui in medio ipforum fit, minores. Qui omnes inhærēt furculis,ceù fuis pediculis à caulibus exeũ tibus, fed calix in medio illorum qui fit, breuiori longe pedi culo inhæret, quam in vtrimque pofitis. Calyces vero dehi fcētes florem paruum, qui numquam latè de hifcit attracti lis modo proferunt cæruleum, qui femina producit iu pappo parua, alba, fuis ftaminibus mollibus inhærentia, vti in attra ctili, quæ calycibus latè dehifcentibus in aere euolant. Sunt dulces vti funt omnes calyces, qui immaturi efui funt acce ptiffimi. Nulli vfus ad medicinam hactenus nobis inno tuerunt.

Hyffopus

Hyſopus Græcorum,tempore hyemali.

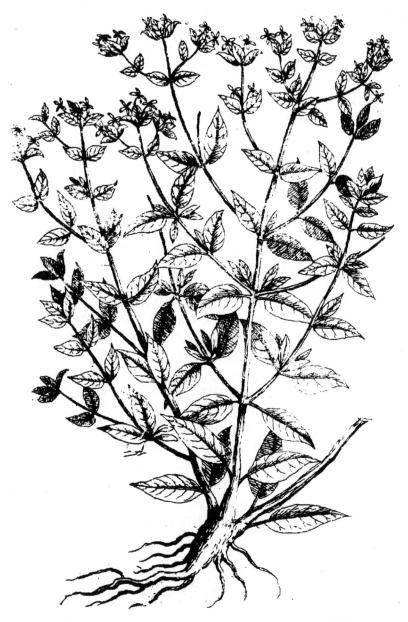

Plantam

De Hyſſopo Græcorum . Cap. XXII.

Lantam nobiliſſimam ſæpè habuimus Creticam, ex ſeminibus in horto nobis natam, cubitalis ferè magnitudinis, origano oniti quam ſimilem, & floribus, & folijs, & vmbellis corymborum modo iunctis, quæ ab origano odore ſuauiori, & validiori diſtinguebatur adeò, vt ſi quis digitos duntaxat olfaciat, qui plantam tetigerint validiorem odorem ſentiat, quam ſi origanum olfecerint. Hæc planta fruticat ab vna radice multis ſurculis, ab vna radice vel ab vnico caule exeuntibus, non ex toto rectis, at oblique actis, folijs origani heracleotici ſed candidioribus, & odoratioribus, & in caulium cacuminibus vmbellæ corymborum modo in rotæ modum cernuntur floſculis albis quales in origano onite apparent à quibus ſemen minutum nigreſcens fit. Tota planta eſt eximiè odorata, & guſtui cum valida acrimonia acceptiſſima, totaq. albicat cum leui lanugine, atq. hiſce notis hæc planta in æſtate nobis innoteſcit, Ineûte autem hyeme ferè ex toto faciem mutare videtur. Namq. ab vna radice plures cauliculi aſſurgunt ſurſum obliquè luxuriantes folijs pulegij vtrinq. binis ex oppoſito poſitis, denſius ab imo caule ad ſummitatem vſq. caulem veſtientibus: caulibuſq. rotundis leuiter lanuginoſis, albicantibuſq. inualidioris odoris quam in æſtate. Hanc plantam origano oniti adprime ſimilem, eſſe legitimum Hyſſopū viſum eſt. Diſtinguitur ab origanis odore, vt etiam dictum eſt, & ſuauiori, & validiori. Habet folia in magnitudine heracleotici origani folijs reſpondētia, & in figura, & colore albidiore , & vmbellis onitis. Quibus notis Dioſcorides ſuum hyſſopum expreſſiſſe viſus eſt. An verò hæc planta ſit ea quā Lobelius, & Pena viri eruditiſſimi pro genuino Dioſcoridis Hyſſopo propoſuerunt, non parum dubito, quod planta mihi videatur procerior, atq. etiā quod, (vt Lobelius, & Pena dixerunt) floſculos purpureos proferat, & noſtros candidos. Addimus hoc, Hyſſopi nomine eam plantam ex Creta Inſula ab amicis accepimus; quod verò ad iſtiuſce ſtirpis, & vires, &

Liber Secundus.　　　KK

Hyſſopus Græcorum, tempore hyemali.

vſus, ijs

vfus, ijs quæ de hac planta veteres Græci tradiderunt, nihil
addendum credidimus. Vehementer calfacit, & ficcat, te-
nuioris eft effentiæ, incidit, extenuatque humores craffos, eof-
demq. detergit, vnde eius decoctum pectoris pulmonumq.
vitijs maxime auxilio eft. Ad fplenis tumores, emplaftrum ex
folijs Hiffopi, ficubus, & nitro, maxime proficit, atque ad hy-
dropem ventri appofitum foliorum; decoctum liuorem fub
oculis in mulieribus, fi eo, pars liuore affecta foueatur, digerit. Ad venena frigida eft maximi iuuamenti, & foliorum decoctum, & folia etiam per os affumpta. Indigenæ eorum locorum, in quibus Hyffopus abundat, vefcuntur familiariter
folijs tenerrimis cum fale ad excitandam appetentiam.

KK 2   Nigella

Nigella alba, flore simplici.

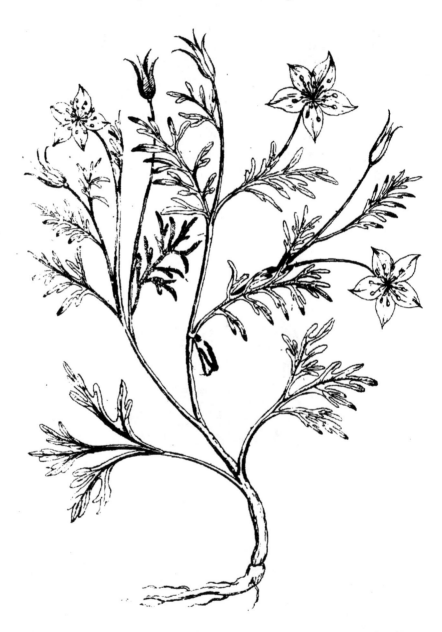

Prouenit

De Nigellà albâ simplici flore. **Cap. XXIII.**

Rouenit in Creta Infula nigellæ planta annua quæ ab vnica radicula tenui, longa, in tenuitatem acutam definente, lutei coloris vnico affurgit caule in alios paruos diuifo obliquè luxuriante, gracili, tenui, folijs non ad nigellę vulgaris, fed potius ad fenetionis modum fed vtrimque magis incifis longis, & latis fingulifq. ad finguli ramuli principium, floribus albis, vulgaris nigellæ quam fimilibus, à quibus femina nigra fuauiter olentia fuccedunt, folliculis hyofciami cytinis proximis in quinq. coftas angulis, longis, tenuibufq. diuifis, contenta, femina in vfu funt ad medicinam, calida, & ficca funt tertij ordinis, amara incidentia craffos humores, & vifcidos detergentia, vnde illorum feminum decoctum efficax eft ad tollendas vifcerum obftructiones, præfertimq. fi ex aceto coquantur, atq. exinde mirum haud eft, fi vfum habuerūt femper fingularem ad febres phlegmaticas, & melancolicas, fcilicet ad quotidianas, & quartanas. Vim quoq. habent fingularem ad mouendam vrinam impeditam ab humoribus craffis, & lentis, atque etiam ad menfes fuppreffos à craffitie & lentore fanguinis craffi, & vifcidi, ex aceto, & melle vfum non fpernendum habent femina trita ad cutis infectiones ad maculas, & fordities in ea delendas. Venenis aduerfantur, & demorfis à feris venenatis auxilio funt, Afcarides interimunt, & per os affumpta, & exterius vmbilico emplaftri modo appofita.

Ranuncu-

Ranunculus Creticus, echinatus, latifolius.

Hanc

De Ranunculo Cretico, echinato, latifolio. **Cap. XXIV.**

Anc plantam fic delineatam acceptam refero, Nicolai Contareni patritij Veneti Illuftriffimi, liberalitati, cuius imaginem hic damus. Plāta eſt, quæ ab vna radice in multas fibroſas diuiſa fruticat multis caulibus rectis rotundis, virentibus, folijs nudis, qui in plures alios ramulos diuiduntur, in quorum ſummitatibus parui floſculi lutei, à quibus ſemina ſuccedunt veluti in echinis paruis aſperiſq. contenta. Tota planta raris folijs conſtat, longis pediculis, & caulibus exeuntibus, inhærentibus ranunculi latifolij ſimilibus, ſed non ita laciniatis, & diſſectis. Radix craſſa eſt in capite, quæ finditur in innumeras radiculas, fibroſas, longas, tenues, primulæ veris radicibus, proximas. Tota planta eſt guſtui accerrima ſed omniū maximè radix, quæ fi aliquandiù cuti inhæreat, eam inflammat, & exulcerat, vnde intelligitur hanc plantam, eſſe inurentis facultatis non minus, quam noſtrum batrachium, ideſt ranunculus, cuius radicibus contuſis, vtuntur medici ad ſua maledicta veſicantia cōcitanda. Qua ratione folent iſtiuſce preſertim radices contuſæ coxendicum cuti adhiberi, ad tollendum ſcilicet coxendicum dolorem. Folia contuſa atq. ipſorum contuſorum, in mortario expreſſum ſuccum ſingulare medicamentum ad ſcabiem & ad ſimiles alias cutis infectiones eſſe, ſi eò cutis ſæpè in die illinatur, certa experientia deprehenſum eſt.

Clinopo-

Cl inopodium Creticum.

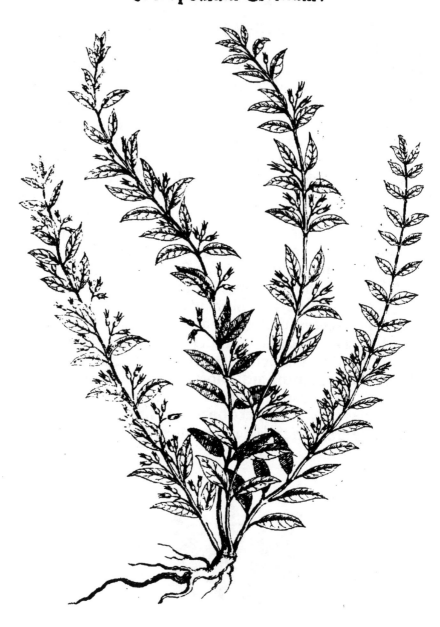

Planta

De Clinopodio Cretico. *Cap. XXV.*

PLanta itidē ex Creticis seminibus nobis nata est quæ ab radice sex, septeuè, aut pluribus, aut paucioribus cauliculis dodrantalibus, vestitur rectis, rotundis, gracilibus, foliolis serpilli, & magnitudine, & figura, & ordine similibus, æqualibus, paruissimisq. spacijs binis ex opposito ipsos cauliculos densè vestietibus, inter foliola vero & caulem exeunt bini aut tri ni flosculi vinacei coloris, à quibus semina minutissima fiunt. Tota planta respirat odorē serpilli, sed suauiorem, gustum excalfaciens. Radix est longa, gracilis, lignosa, sine odore, & sapore. Folia sunt duplo minora, quam in eius imagine, quam hic damus cernantur. Qui ad nos istiusce plantę semina miserunt nomine saxiphragiæ eam plantam vocarunt, quod nimirum hæc planta eximijs viribus ad calculos in renibus, & in vesica comminuendos, prædicetur. Nobis verò visum est Clinopodij antiquorum notis satis conuenire. Cum de Clinopodio Dioscorides scripserit: Clino podium frutex folijs serpillo similis, surculosus, duum dodrantum altitudine, nascitur in petrosis. Flores marrubij modo ex interuallis distincti speciem lecti pedum præbent. Quibus quidem hanc nostram plantam maximè accedere ad Clinopodium existimauimus, ea præsertim similitudine ad serpilli folia, maximè persuasi, si enim flores serpilli modo haberet, serperetq. per terram, vt serpillus serpilli speciem illam plantā fecissemus. Hæc planta maximè similis videtur cum saxiphraga à nobis in primo libro descripta, præsertimq. in folijs, & floribus, nihilominus illa neq. alicuius odoris est particeps, nec est surculosa, & humilis, vt nostrum vocatum Clinopodium. Ex odore, & sapore, calidæ siccantisq. facultatis esse, haud dubium nobis est, & saltem supra primum excessum, cum tenuitate ipsius substantiæ, leuique adstrictione, vnde ad calculosos, & ad similes alios affectus non ineptæ vtilitatis esse credidimus, verè tamen ipsius vsus ad medicinam nōdum deprehendimus.

In lib. t. de mate ria med. cap.91.

Rubia Argentea.

Surculo

De Rubeâ argenteâ Creticâ. Cap. XXVI.

Vrculosam, Clinopodij prædicti modo, ex Creticis seminibus natam, pereleganrem, per exiguam plantam in horto habuimus totam aspectu argenteam, ab vna radice paruâ longâ, temui, exili, multos surculos rectos, graciles, semidrodâtalis altitudinis, producētem folijs rubiæ syluestris mollibus, paruis, oblongis, argenteis, lenibus simul ab eodem exortù quatuor ex opposito æqualibus interuallis densè stellarum modo, surculos conuestientibus, Inter quæ Clinopodij Cretici modo pauci exilesque flosculi flauescentes cernuntur. Tota planta est inodora gustu adstringens. Quo haud iniuria audiuimus, eam plantam tritam ex vino dari vtilissimè ad quodcumque profluuium, & sanguinis, & excrementorum cohibendum.

Trifolium corniculatum Creticum.

Ex Cre-

De trifolio corniculato Cretico .Cap. XXVII.

E X Creticis itidem feminibus nomine corniculati trifolij habuimus plantam habentem cauliculos plures, longos, graciles, humi ſtratos, folijs trifolii ſeu citiſi in extremo latioribus, flore cicerculæ, ſed longè minore, luteo, in ramulorum cacumine vnico apparente, cui ſuccedit ſiliqua rotunda macropiperis craſſitie in obliquum acta, quæ continet ſemina quatuor, aut quinque parua rotunda flaueſcentia. Siliquæ ſunt dulces, piſis guſtui non diſſimiles, vnde mirum non ſit, virentes eas eſſe eſculentas, & ſummoperè illis crudis pueros veſci. Si verum tamen ſit, vt nos credimus, hanc plantam eſſe ἑραξύνη Creticam Honorij Belli à doctiſſimo Ioanne Pona amico plurimi obſeruando in diligentiſſima ſtirpium in celebri Monte Baldo naſcentium Hiſtoria perbellè deſcripta. Quam ſanè eandem planè eſſe affirmare, auderem, modo ſiliquæ in Hier azuni imagine non latæ, ſed rotundæ & in obliquum circuli modo actæ cernerentur, quales nos ex Creta accepimus, & plantæ nobis in horto natæ protulerunt. Iſtius plantæ à nobis imaginem delineatam hic damus, quam Trifolium Corniculatũ Creticum appellauimus, ad differentiam Italici trifolii Corniculati. De iſtius plantæ viribus, atque vſibus ad medicinam, quicquam certi, haud deprehendimus.

Trifolium

Trifolium falcatum.

Huic

De Trifolio falcato. Cap. *XXVIII.*

Vic plantæ trifolii Corniculati alteram trifolii itidem falcati plantam ex seminibus Creticis, nobis natam proponimus, quam statim natam credidimus esse trifolium vesicarium à nobis etiam describendum, sed postea visis, & caulibus, & foliis, floribus atque fructibus aliam ab ea esse, & multùm diuersam esse deprehendimus. Hæc planta est admodum in radice foliosa, sed folia humi procumbunt, quæ trifolii magni folia imitantur oblonga in extremis lata, & rotunda, aspera, in albo nigrescentia quæ circa exortum habent alia foliola parua trifolii modo. Fert ex radice inter folia surculos, plures, graciles, longos, humi stratos, obliquè actos, foliis inferius quinis, superius verò ad flores trinis singulis florum cauliculis inhærentibus. Flosculi verò in summis cauliculis fiunt trifolio falcato similes, lutei coloris à quibus succedunt tres vel quatuor siliquæ foliaceæ, patuæ in rotundum falcis modo actæ exterius circinatæ, vnguis humani rotundi magnitudine simul coniunctæ, siue vnum eundemque exortum habentes. Nititur hæc planta radicibus paruis, tenuibus: Aliqui dixerunt quosdam pharmacopeos vti floribus, & seminibus pro Meliloto, cuius verò facultatis sit, & quos vsus habeat hæc planta mihi nondum compertum est. Accipitò ergò studiosè Lector à nobis, quæ nos scire itidem potuimus. Numquam vsus stirpium experientia deprehensos, cognitosque ommittemus, & in quibus nulli fuere cogniti, nihil de iis dicemus, vt studiosi illis, quos expressos fecimus, planè fidere queant.

Melilo-

Melilotus quædam Crœica.

Prouenit

De quâdam Meliloto Creticâ. Cap. XXIX.

NObis itidē ex Cretico femine meliloti nomine accepto
planta trifoliacea nata eſt, quæ à radice graci i, longa, tenui, lignoſa, in aliquot radiculas diuiſa fert cauliculos longos,
graciles, foliis viridibus, trifolii Corniculati Cretici ſimilibus
ſed in longius porrectis, veſtitos, terræ ſtratos ac veluti luxu-
riantes in quorū ſummitatibus fiunt bini flores lutei trifolio
falcato magnitudine & figura, ſimiles, odorati, à quibus bini
corniculi recti ſuccedunt flaueſcentes ſemina parua, minuta,
rotūda, flaua continentes, guſtui primò ſubdulces, mox cum
modico calore modice adſtringentes: Quibus quidem notis
nonnullis creditum eſt hanc plantam melilotum eſſe, atque
vires meliloti habere: Præſertimque quod Serapio ex ſacho **In libro**
Eben Amxo ſcripſerit: Alchimelech eſt herba quæ habet fo- **de ſimpli**
lia rotunda viridia, & ramuli eius ſunt ſubtiles multum & fo- **cib. c. 18.**
lia rara, & fructus habens vaginas ſubtiles, rotundas, ſicut virgæ puerorum paruulorum, & ſunt in eis grana pauca, glauci
coloris, rotunda minora. Dubium quidem non eſt, noſtræ
plantæ haſce notas meliloti haud parum conuenire, quod ſi
vires etiam ex Galeno meliloti perſpectas habuerimus, ſcilicet eſſe mixtæ facultatis, ſed in eo copinſiorem eſſe calidam
ſubſtantiam, quam frigidam, habereque leuem adſtrictionē.
Quæ vires in ſeminibus iſtiuſce plantæ propoſitæ facile deprehendi poſſunt cum ſemina leuiter adſtringant & guſtù
primo ſubdulcia appareant, & mox cū manifeſto aliquo ſensù
caliditatis. Ni verò hæc planta erit legitimus melilotus antiquorum poterunt tamen ſecurius ad vſum medicinæ medici
iſtiuſce plantæ ſeminibus vti. Calida certè eſt ſed moderatè
quidem cum adſtrictione, ſeminum facultas exindeque digerens & reſoluens. Vnde digerendo emollit decoctum ex ſeminibus paratum. Maxime commendatur ad oculorum in-
flamationem ſi eò oculi foueantur, ad aurium quoque dolorem, & inflammationem, ad dolorem ventris, ſtomachi, & a-
liarum partium decoctum ſpongia ſuſceptum mirificè iuuat.
Emplaſtrum ex ſeminum farina ex aqua paratum partes in-
duratas emollit, idcircoq. tumores duros digerit, & emollit.

Liber Secundus. Mm Trifo-

Trifolium Veſicarium.

Abhinc

De Trifolió Veficaria. Cap. XXX.

Bhinc multos annos nobis ex feminib. nata eft plan
ta humi late procumbens, foliis trifolio falcato vfque adeo fimilis,vt vix ab ea primis diebus, quoad
fcilicet caulefcat, diftinguatur, in radice enim foliofa eft latè foliis viridibus humiftrata,ferè foliorum magnitudine & figura non differens,hoc excepto,quod in hac folia
albicant cum leui quadam lanugine, tresque vt plurimum,
ex radice,quæ longa eft,gracilis, exeunt cauliculi inæqualiter
obliquè acti,rotundi, foliati hinc inde folium trifoliatum,cu-
ius medium longum,latum in rotūdum declinans,cum duobus folijs paruis,& aliquando quatuor vtrimque in folii pediculo pofitis,& fimul cum folio trifolio,exit pediculus paruus
habens in cacumine tres quatuor,vel quinque, & quádoque
etiam fex veficulas,oblongas, paruas in extremis ad acutum
definentes, in extremo tamquam in calice flofculos carnei
coloris,proferētes, à quibus intus eas veficulas,producuntur
vnum vel duo, vel ad plus tria grana rotunda, parua, fimul
coniuncta tamquam folliculi rotundi, intus duo, vel tria femina,fænugræci feminibus fimilia,eiufdem ferè guftus cum
quadam leui caliditate: Germina viridia, & folia fapiunt faporem frigidum, fubacidum, vnde hanc plantam inclinare
ad frigidam qualitatem,& femina ad calidam liquidò confta
bit.Ferrādus Imperatus femina iftiufce plantæ nomine trifolii veficarii olim ad me mifit, ea liberalitate,qua mihi longè
plura alia cōmunicauit.Ideo nomen à tanto viro impofitum,
& confirmare huic plantæ, & fequiplacuit.

Scorzonera Illirica.

Ex Illiri-

De Scorzonera Illyrica. Cap. XXXI.

EX Illyria Dominicus Rizotomus detulit ad me plures plantas scorzonerae admodum diuersas, ab ijs, quae hactenus nobis innotuerunt. Siquidem planta haec est admodum foliosa adeò vt ad radicem habeat complura folia in aliquibus numero quinquaginta, & in aliquibus, vel etiam centum vsq. palmaris altitudinis quam hispanicae tenuiora, trineruia, ab radice inter folia exeunt cauliculi plures numero ferè viginti folijs quadantenus longiores, tenues, graciles, recti, in quorum summitatibus flores aurei prae elegantes inodori satis hispanicae scorzonerae similes, & calycibus praesertim quibus succedunt semina parua, oblonga, tenuia, albicantia tritico similia, quae maturefacta cum suis pappis albis in aerem volant, quod est naturae artificium vt ex seipsis serrantur. Planta radice nititur longa, in aliquibus, brachiali, vel etiam crassitie visitur, exterius nigra, lacteo succo turgens, interius alba gustù dulcis, & suauis. Differt haec planta ab alijs scorzoneris tum in folijs numerosioribus, minoribus, & tenuioribus atq. in radice crassiori, & nigricante. Hęc inquam, & ipsa Dragopogi est species, & ijsdem viribus praestat, videtur radix tęperatè calida & sicca, sed putant omnes ferè habere eandem vim aduersus morsus viperarum, atq. aliorum serpentum perinde atq. Hispanica, & in febribus malignis, & pestilentibus nonnulli vtuntur aqua stillaticia, eam in potu exhibentes, & ad vermes in pueris. Sed dicam ingenuè me sæpè in febribus malignis ægrotis sine vllo vtilitatis fructù, dedisse. Vnde ego semper credidi solam scorzoneram, hispanicam ex proprietate illius soli, in quo primò inuenta est, & viuit nancisci eam facultatem alexteriam, quae ijs auxilio est qui ab ijs serpentibus demorsi sunt, & non in quibusuis alijs locis natis. Quare cum errore medici plures & aqua stillatitia, & radicis vsũ affectant in febribus pestilētibus, & in demorsis à serpētibus venenatis, cũ omnes alię scorzonere sint expertes facultatis alexiterię, & alexipharmacæ.

Ebenus

Ebenus Cretica.

Crefcit

De Ebeno Cretica. Cap. XXXII.

Refcit in Cretæ infulę multis locis montanis ficcis & afperis arbufcula fruticofa elegantiffima tota argentea, folijs & floribus cytifo fimilis. In qua ab radice ftipes affurgit rectus, tricubitalis, & amplior, argentei coloris, à quo plures rami exeunt furfum ex obliquo in rectum acti, folijs cytifi fed longioribus, & tenuioribus in acutū definētibus, trinis fimul iunctis, totis cādidis. In fūmitate verò cauliū flos vifitur, rotūdus flori pratenfis trifolij figura, & magnitudine quā fimilis, coloris purpurei, & in aliquibus carnei ex multis flofculis, cytifi forum ęmulis, congeftus, qui circumquaq. intermixtos habet quofdam villos albos tenuiffimos veluti fericeos, quorum mixtione ex rubro colore flos redditur longè vifui elegantior. Radix iftius plantæ eft longa, gracilis, lignofa, nigra, bifida. Hæc planta fuit defcripta ex Honorio Bello à doctiffimo Ioanne Pona, mihi amicitiæ vinculo coniunctiffimo, in fuo Baldo. Tametfi ego plantis exoticis Creticis primum librum dederim, nihilominus eo libro abfoluto, nō omittendas alias Creticas plātas, quæ poftea mihi innotuerūt, optimū duxi, quarū numero prefens hæc defcripta inter elegantiores, & nobiliores comprehendenda, mihi vifa eft, de qua egi, pofteaquam, & planta, quā in fictili plures annos feruaui hoc anno eleganter floruit, & ficcatam integram ftirpem, nomine Ebeni Creticæ ab amico ex Creta accepi. Hanc cytifum effe, vt Bellus exiftimauit ex Diofcoride, non videtur poffe affirmari qui expreffit cytifum folia habere fænugræci, aut loti trifoliæ, fed noftri ebeni folia cum fænugræco nullam fimilitudinem habent cū ea lata fint & hæc tenuia in acutum definentia, addo Diofcoridem fubiunxiffe Cytifi folia trita erucam olere, & guftata recens cicer fapere. Quo odore, & guftu cum hæc noftra planta planè careat, quis quefo poterit affirmare cytifum effe? Non negamus tamen in multis cum Cytifo conuenire, quippè in fruticofa figura, in foliorum numero, & quadantenus figura, & fi fint tenuiora, acutiora atq. minora, in flofculis quibus magnus

flos

flos rotundus congeritur, & in ligni materia dura, intus nigro colore infecta. Quo vero hanc ſtirpium genere quis
comprehendet, Crediderim ego ipſam ab Ebeno fruticoſa
Theophraſti non abhorrere, cum ligni materia dura, & nigra

In lib. 4. de hiſtor. plāt. c. 5. ſit atque Cyciſo ſit ſimilis de qua ſtirpe Theophraſtus inquit
naſci in Grecia, & eſſe fruticoſam Cytiſi modo, & de Cytiſo
etiam tradidit ; eſſe Ebeno ſimilem, & fruticoſam vt Cytiſus

In lib. 9. de hiſtor. plāt. c. 5. & habere medullam ſpiſſam & nigram vt Ebenus, quare hæc
planta vel erit Ebenus vilior, quæ naſcitur in Græcia, vel Cyti-
ſus Theophraſti Ebeno ſimilis. Non patitur noſtrum hyema-
le frigus, ſed in Hypocauſtis hyemali tempore commodè
conſeruatur. Nihil virium iſtiuſce plantæ, & vſuum ad medicinam certi deprehenſum eſt.

Iacea maxima, *f.* Babylonica.

De Iacea maxima. Cap. XXXIII.

Roximis diebus dum hæc feriberem, accipio à Ioãne Baptifta Alyfio, Bergomenfi, pharmacopœo illuftri, ramum cuiufdam plantæ Hierofolimitanç, ex feminibus fcilicet ex Hyerofolimiâ delatis, illi natæ. Hæc vero planta, in fuo horto nata, ab radice tulit caules fex, quinq́. cubitos altos rectos, fcabros, ad imum denſè foliatos à quorum medietate hinc inde furculi plures recti, graciles, rotundi exeunt, in quorum fummitatibus producuntur calyces parui, cyani magnitudine atque figura è quibus exeunt flores lutei cnici floribus fimiles, quibus in calycibus fuccedunt femina centaurij maioris feminibus proxima, faporis leuiter amari. Planta propè radicem, & in caulium infernis partibus admodum eft perfoliata; Folia vero helenii folijs fimilia videntur, fed minora quædã reuoluta in feipfis quafi luxuriantia, lanuginofa, & quadantenus mollia cuiufuis odoris expertia, non fine leui amaritudine. Fortaſsè inter carduos hæc planta erit recenſenda, quod radix eius viſa fit longa craſsa in tenuitatem definens, quibuſdã pauculis radiculis fibrofis referta, colore alba, cinnaræ radici omnino fimilis, atq. nõ minus etiam guftu vt Ioannes Baptifta Alyfius fe obferuaffe me fuis litteris commonitum fecit. Hactenus vero aliquis vfus nobis non innotuit, & potiſſimum an fit efculenta.

Scordotis.

Scordotis.

De Scordoti. Cap. *XXXIV.*

Bhinc annos viginti plantam in meo horto ex feminibus ex Creta ab Illuftriffimo felicifsimæ recordationis Hieronymo Capello, mihi fcordotis nomine communicatis, natam alui, quæ marrubij aut mentaftri folia habebat craffa, tomentofa, albicantia, allij odorem refpirãtia feruidi guftus etenim ab radice parua oblonga craffa, carnofa, nigra rapunculi æmula, quippè magnitudine & figura furculi tres vel quatuor affurgunt longi, quadranguli humi ferè procumbentes obliquè acti æqualibus interuallis foliis ex oppofito binis mêtaftri magnitudine & figura, veftiti, in quorum fummitatibus flores cernuntur quadantenus albi marrubio fimiles in quadam veluti fpica fimul côgefti, quibus nigra femina rotunda minuta fuccedunt tota planta candida eft & allii odorem refpirat. Bellus credidit hanc plantam effe nouam, nihilominus Iofephus de cafa bona & alii non pauci ante ipfum eam cognouerunt, & Hyeronymus Capelius vir Illuftriffimus abhinc annos fupra viginti ad me femina ex Creta nifit, eamque plantam cognouerat, Quid vero hæc planta fit facilè innotuit, fcilicet fcordium alterum Plinii quam ftirpem fcordotim priuatim appellauit de qua ita fcripfit: Alteram leuem fcordotim fiue fcordium ipfius manu adfcriptã, magnitudine cubitali, quadrangulo caule, ramofum quercus fimilitudine, foliis lanuginofis. Reperitur in Pôto campis pinguibus, humidisque guftus amari, eft & alterius generis latioribus foliis mentaftro fimilis. Plurimosque vtraque ad vfus per fe & inter alia in antidotis; Hæc Plinius vtraque fcordii ab odore allii fpecies nobis innotefcit. Alteram vero fcordium, fcordotim vocauit effe vero hanc noftram fcordotim fcordii fpeciem quadãtenus etiam ex facie, fed maximè ex viribus & vfibus ad medicinam atque ex odore allii côijcitur, Plinius Scorodoti eofdê ferè ad medendû vfus tribuiffe vifus eft, quos Græci Scordio tribuerunt. Nobis iftiufce plantæ figuram affabrè delineatam nobis Doctiffimus Pona in fuo Baldo dedit. Tota planta calida, &

In libro 25. hifto. natu. c. 5.

ficca facultate eſt cum leui adſtrictione acris, & ſubamare-
ſcens;vnde detergit,aperit,& roborat. De qua planta hos ſingulares vſus expreſſit, primum ad ſerpentum morſus ictuſ-
ue herba ex vino pota , & illita, eundem ſanè vſum Dioſcori- In li. 25.
des ſcordio tribuit . Ad facilè excreationem atque ad tuſſim hiſt. nat.
cap. 8.
commendatur mixto naſturtio,& reſina cum melle,tuſa ari- In li. 26.
da, ſuccus ſtomachum roborat: Ventrem ſiſtit ſcordotis re- cap. 5.
centis drachma ex vino trita, vel decocta pota: Purgat itidem
vlcera cum melle, Mouet efficacius menſes , & ſudorem po- Cap. 6.
tù, & illita, & ſucci drachma ex hydromelle, partum accelle- Cap. 8.
rat. Hi ſunt particulares vſus ad medendum,qui ijdem viden- Cap. 14.
tur cum ijs,quos de Scordio Dioſcorides nobis tradidit. Cap. 15.

Stæbe plantaginis folio.

Ex Cre-

De Stœbe plantaginis folio. Cap. XXXV.

EX Creticis seminibus mihi nata est planta Chondri-
lacei generis,ni fallor, foliis multis plātagini tenuifoliæ magnitudine, & figura simil bus, humi stra-
tis, crassis, colore viridi in luteum, saporis insipidi
in orbem in terra actis, mollibus, fragilibusque, ex quibus cauliculi semidrodantales teneri, graciles assurgunt, in quorum
summitatibus pro calycibus capitula parua, oblongaque cernuntur, è quibus flosculi ex toto lutei exeunt, quibus semina
parua succedunt, oblonga, scabiosæ haud dissimilia. Hæc vero
planta nititur radice parua digiti minoris crassitie in tenue
desinente multis fibrosis capillamentis vestita, alba, molli, tenera, gustu insipido. Vnde ad frigidam facultatem hanc plantam inclinare haud dubium erit, atque etiam ex notis foliorum, caulium, florum, atq. radicis cichoraceorum genere cō-
prehendi. Hæc planta mihi primum visa est sesamoides paruū
Mattheoli: sed tamen ea parciùs planta magis considerata, atque etiam, vt credidit Nicolaus Contarenus, quem honoris
causa semper nominaui in plantarum cognitione exercitatis-
simus, nullo pacto cum Sesamoide eam posse conuenire cognoui. Iconem istiusce plantæ, quam hic damus, prædicto
Contareno acceptum tulimus.

Marum.

Marù Creticum.

Ex fe-

De Marù Cretico. Cap. XXXVI.

E X feminibus ex Creta delatis fæpe mihi nata eft
planta, quæ multos annos in horto medico vixit,
floruit, & femina produxit: Surculofa eft, crefcit-
que palmi altitudine foliolis paruis, minutis can-
dicantibus, fapore acutis, maximè odoratis, fertque à radice
lignofa, gracili, parua, furculos plures, rectos, rotundos, tenues,
lignofos, qui ab radice vfque in fummitates ferunt ex oppofito ex interuallis binos ramulos folijs binis vtrinque ex oppofito densè veftitos. In cacumine vero flofculi purpurei origani heracleotici modo admodum odorati. Iftiufce verò plan-
tulæ femina nomine Mari Cretici accepimus, & ex notis legitimum marum effe credidimus, cuius plâtæ notas præcipuas
expreffit Diofcorides, ita inquiës Marum herba cognita vul-
gò furculofa, flore origani, folijs multò candidioribus, flore
odoratiore, quæ notæ omnes huic noftræ plantæ maxime con
ueniunt, Ex Galeno vero conftat hanc plantam fimilem effe
fampfucho, fed ea planta effe candidiorem, foliaq. habere mi-
nutiora, câdidiora, totamque plantam cum floribus effe ama-
raco odoratiorem, vnde vfum habebat apud antiquos ad vnguenta odorata. Neque audiendi funt qui marum effe amaracum, noftris maioranam vocatum, atque ob id caput de maro ab aliquibus additum fuiffe, etenim Galenus in libro primo de antidotis in hedycroi compofitione apertè profert, in
Italia marum raram effe plâtam, numquamque in Italia eam
vidiffe nifi ex Creta infula aduectam, Amaracum vero fponte
in Italia nafcêtem fe confpexiffe. Nos vero qui, vtrumq. fam-
pfuchi genus, vulgus vocat maioranam, & maiorem, & minorem in multis locis Italie fcimus prouenire affirmamus tâ-
tummodo in Creta Infula Marum fponte nafcentem vidiffe,
& puto Lobelium, & Penam per Syriacum Marum noftrum
Creticum intellexiffe, cum ab ipfis ea Mari Syriaci imago data omnibus ferè notis, cum noftro conuenire vifa fit. Plinius
meminit duo mari genera fcilicet lydium & Aegyptium,
Inquit enim : In Aegypto nafcitur & Marum peius quod ly-

*In lib. 4.
de mate.
med.c.48*

*In 1. de
antidot.*

*In li. 12.
h ft. nat.
cap.14,*

Liber Secundus.   Oo   dium

diū, maioribus folijs, ac variis, illa breuia, minuta, & odorata. Numquam in Aegypto Marum inibi prouenientem videre potuimus, nisi per Marum eam stirpem Plinius intelligi voluerit, quam nos in libro de plantis Aegypti nomine Zataredi pictam dedimus, cuius folijs siccis cum pane pro obsonio origani modo Aegyptii vescuntur. Auderem affirmare lydiū (quod Plinius expressit habere folia breuia, minuta, & odorata) esse vnam eandemque plantam cum Cretico maro, Galenus fatetur, & ipse se hanc plantam vidisse in Asia prouenientem. Certe non video huic Cretico Maro esse præferendum lydium, vel alibi in Asia prouenientem cum creticum odoratius esse & gratius ita, vt ampliùs, & odoratius, & gratiùs esse nequeat. Igitur hanc nostram plātam marum esse legitimum antiquorum affirmare non dubitarem, quod in hac planta omnes, mari antiquorum notæ eluceant cum, fampsucoque magnam habeat similitudinem a qua plāta ipsum distinguit, odor suauior & validior, & sapor acris, & feruidus, cum fampsuchus non acris, sed amarus, vt Galenus expressit, existat. Quò etiam dicemus ipsum esse valde calidū & siccum, quippè supra secundum excessum, vnde decoctum & florum, & foliorum vrinam efficaciùs mouet, & menses in mulieribus, ad venena per os assumptum est efficax vnde in antidotis vsū habuit, & Dioscor. meritò ipsum viribus sisymbrio comparauit & in hoc non recte dixisse postea visus est, qui dixit modice calefacere, quod ex ipsius acrimonia longè calidius esse oportet: Inquit illitum succum serpentia vlcera sistere.

Saxifraga altera.

De Saxifraga altera. Cap. XXXVII.

EX Creticis seminibus mihi nata est planta surculosa ab vna radice assurgens multis surculis longitudinis drodantalis, tenuissimis ex interuallis geniculatis, ex quorum singulis geniculis vtrimq. ex opposito bina foliola exeunt tenuissima longa in acutum admodum desinentia, garyophylli minimi folijs proxima, sed minora tamen, & tenuiora, tunicæ minimæ verius similia, aut sola, aut vna cum ramulis binis tenuissimis ex ijsdem surculorum geniculis itidem prodeuntibus, in summitatibus vero flosculi purpurei paruis caryophillis non dissimiles emicant, & in surculorum cymis paruarum serè vmbellarū modo, atq. nō in surculorū ramulorum summitatibus à quibus semen minutum nigricans succedit; Tota planta est inodora gustù tamen modice adstringit, siccat absq. vlla amaritudine, vel actimonia, eodem modo se habet istiusce plantæ radix quæ longa est in acutum desinens, lignosa, vtrimque demittens aliquot radiculas longas, tenues, fibrosas per latum in terræ superficie actas, quæ eiusdem sanè saporis sunt. Qui hāc plantam ad me seminibus ex Creta Insula communicarunt, dixerunt saxiphragam inibi ex vi quam habet ad mouendam vrinam ex renum calculis impeditam, appellari, Ideoque ad calculos in renibus comminuendos, & radicis, & totius plantæ puluis ex vino albo, vel ex totius plantæ decocto parato est vtilissima; Nascitur in locis aridis, & squallidis.

Galium

Galium Montanum alterum.

Eſt al.

De Galio altero montano.　　*Cap.* XXXVIII.

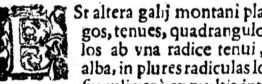

ESt altera galij montani planta ſurculos plures lõ-
gos, tenues, quadrangulos ex interuallis geniculos ab vna radice tenui, longa, dura, lignoſa,
alba, in plures radiculas longas diuiſa, proſerens,
　　ſurculi verò ex multis interuallis in geniculis habent duo, aut tria foliola parua, oblonga tenuia in extremis
latiuſcula colore viridi nigreſcente, in ſummitatibus ſurculorum floſculi cernuntur albicantes, cymam ſurculi, ſpicę modo
conueſtientes, non odorati, ſapore ſubadſtringentes, & ſiccã-
tes. Vſus vero iſtiuſce ſtirpis mihi ignotiſunt.

Canapis

Cañabis lutea Cretica ex Ioanne Pona.

Doctissi-

De Cañabi lutea Çretica. Cap. XL.

DOctiſſimus Ioannes Pona Veronenſis in ſuo elegantiſſimo Baldo ex Honorio Bello luteæ vocatæ plantæ , & imaginem affabrè delineatam , &
deſcriptionem dedit, qui ita habet, lutea Cretica maxima planta eſt pulcherrima neminique
cognita ea enim vno tantum hoc loco inuenitur, qui vocatur
ἐφιδέσερμα tertio ab vrbe lapide inter môtes naſcitur in aquis,
& locis humentibus, ibi etiam viculus quidam è fonte ſcatu-
rit, qui per anguſtam vallem diſcurit, in quo inuenitur, & etiã
iuxta eius ripas: an alibi naſcatur, ignoro, Radicem maximam
profert, lignoſam in multas partes diuiſam, craſſo & luteo cor
tice veſtitã: Stolones plures ab vna radice naſcuntur, brachiali craſſitudine quinq. ſex vſque ad decē cubita attollũtur, qui
hyeme pereũt: folia fert magna pinnata ex folijs multis magnis conſtãtia, lõgis, ſerratis, vt cannabis, vnũ contra aliud, ſed
non ordinatim, vt illud quod in fine eſt, non vnico, ſed ex duobus aut tribus à natura formatum eſt ſtolones ſeſquicubitũ
abſq. folijs nudi cernuntur, & prima folia maiora ſunt abſque
pediculis, trunco inhærent non ordinatè, vnum contra aliud
ſed abſq. ordine vndiq. truncum ambiunt, & folia ſenſim pediculos mniores acquirunt, ita vt eorum quæ in medio caule
ſunt pediculi ſpitamam longitudine ſuperent: trunci pars ſu-
perna in maximam ſpicam deſinit, duos & amplius cubitos
longam, quibuſdam vaſculis longis & anguſtis denſiſq. con-
flatam, ſimilibus eis, quos rheſeda vulgaris profert tenuiſſimo
longiuſculoq. ſemine plenis ad ruffum tendente flores minimi in viridi palleſcunt, ramos non profert, ſed in cauitat:bus
alarum ſcilicet vbi pediculi foliorum ſinguli trunco iungun-
tur duo aut tres, quatuoruè ſpicæ abſq. pediculis naſcuntur,
eiſdem vaſculis confectæ cubitum longæ quibuſdam foliolis
anguſtis vt linariæ, digitum longis vndiq. veſtiuntur, in ſemia
rumq. flectuntur, quemadmodum, & ea quæ in cuſpide eſt,
aliquantulum flectitur eiſdemque foliolis anguſtis, ſed maioribus ornatur, ſpicarum color fuluus cernitur, at folium, viridis

dis, & fplendens parte fuperna eft procul intuentibus canabis planta videtur. Tota herba, & radix ita amara eft, vt aloen
& colocynthidem (meo iudicio) amaritudine fuperet. Colore luteo inficit autumno, ideo luteã vocaui, antiquis ignotam
puto, & nemini adhuc cognitam : Planta hæc inuenta fuit à
Syluestro Todeschini pharmacopæo plantarum cognitione
peritissimo,qui eam mihi primus oftendit.Hæc Pona ex Bello, Quibus quidem credendum eft,& defcriptionem, & imaginem nobis expreffam fuiffe ftirpis antiquæ quandoquidem
in planta vnum, vel alterum annum nata neque ea radicis
craffitudo quam fortafsè longo tempore radix contrahit neque ftolonum numerus, cum hoc tempore vnicaulis fit,ob-
feruatur.

Cannabis lutea fertiljs Coutareni.

Cum.

CVm verò in horto Nicolai Contareni Patritij Veneti Il-
lustriſſimi bimæ duæ luteæ plantę alantur, in quibus vir
ille in ſtirpium cognitione maximè eruditus plura ſcitù digna de iſtac planta obſeruauerit, & ad nos duas ipſius ſtirpis
imagines delineatas, ſcilicet ſterilis, & fertilis ab ipſo vocatæ
miſerit, haud iniucundum Botanicæ facultatis ſtudicſis forè
credidimus, ſi nos ex ipſius viri nobiliſſimi relatione iſtiuſce
plantæ hiſtoriam acuratè conſcriberemus, quod libenter
nunc facimus, & primum denuo illiuſce plantæ deſcriptionem hic quaſi repetentes, ſed prius iſtiuſce plantæ præmiſſa
diſtinctione, quod quædam ſit ſterilis, & quædam fertilis,
atque hanc ferre cum floribus pro fructù vaſcula parua Rhe-
ſedæ ſimilia ſemine minuto oblongo ad ruffum inclinante,
atque illam vt ſupradictus Contarenus obſeruauit ſolummodo floſculos paruos canabis floribus ſimiles, quibus
nulli fructus, vel ſemina ſuccedunt. Hæc verò planta pri-
miis annis arborem videtur imitari, quoniam ab radice v-
num fert veluti caudicem craſſitie ferè brachiali in ſuper-
na parte vt arbores, ramoſum, hinc inde plures ramos
producentem, atque inferius ad radicem per quoddam interuallum, tum ramis, tum folijs caudicum arborum modo
do nudum. In Creta Inſula caudicem longitudine à ſex
cubitibus ad decem vſque excreſcere auctor eſt Pona, &
hic in ſolo Patauino ipſum ſex ad pedes vſque auctum obſeruatum eſt in bimo, fortaſſe ſi vixerit diù altiores caules
proferet, Itaque talis eſt iſtiuſce plantæ caulis caudiciſve
bimi, & craſſities, & altitudo. Nudus verò ferè eſt ad medietatem in parte inferna, ramoſus vero vſque in cacumen
cernitur, innumeris quidem ramis abſque ordine denſe
exeuntibus, ſurſum quaſi in orbem, vel melius in pyrami-
dem actis ſingulis veluti in longas ſpicas deſinentibus ſolijs primum canabinis, & poſtea vſque in cacumina tenuibus paruis in acutum deſinentibus liniariæ ſimilibus v-
trinque ex oppoſito binis denſe ramos connectientibus inter quæ floſculi multi exigui in ſterili planta ad luteum vi-
reſcentes veluti in ſpica cubitum longa, ligno denſe inhæ-
reſcentes canabinis floſculis per ſimiles cernuntur.

Canabis Lutea ſterilis Contareni.

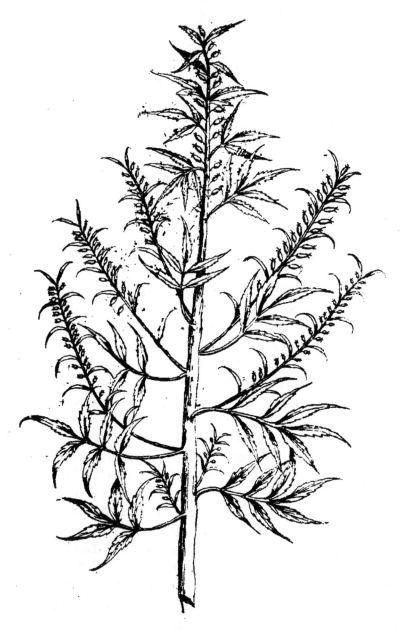

In fertili vero florū loco vascula Rhesedę ſimilia floſculos virides per exiles admodū ſuperferētia inter folia eodem mod o quo floſculi in ſterilis ramulis, ſed cum ſuis pediculis densè in ſpica longa inhæreſcunt. De folijs verò primis quæ ſuis longis pediculis ex caudicibus non ex ramis exeunt canabinis ſimiles eſſe dicimus vtpotè tū figura tum magnitudine. Quæ ſuo cuique longo pediculo aut tria numero ſunt,(ſcilicet ex oppoſito bina, atque in extremo vnum quæ primo anno in planta nullis petiolis cauli coniungūtur, ſed alijs annis ſuccedētibus, ſuos petiolos, quibus ſuo pediculo inhærent, nanciſcūtur) aut quinque aut ſeptem numero cernuntur ſuis petiolis pediculis ex oppoſito vtrinque bina, ſingula poſita cum vno folio in extremo pediculi: Sunt vero omnia circum laciniata figura magnitudineque canabis ſimilia viridia in luteum declinantia, lucida. Folia vero quæ ſecundo in ramis cernūtur linariæ proxima apparent, vt dictum eſt, rami, caudexq; cortice craſſo cōueſtiuntur, viſcido, non facile fragili vt cānabis, luteſcentis coloris, eximiæ amaritudinis, vnde tota planta cannabi mari ſimilis videatur qua ſimilitudine perſuaſus Illuſtriſſ. Contarenus canabim luteam appellauit, radice nititur hæc planta bima, tenui in multas radices lōgas, tenueſque diuiſa, In annoſa verò ſtirpe fortaſſe craſſam magnamque conttrahit vt in icone, & deſcriptione luteæ à Pona ex Bello, nobis data cernitur, Radix verò longè amarior eſt quam ſint aliæ iſtiuſce plantæ partes, Nulli tamen vſus vel ad medicinam vel ad alias artes nobis innotuerunt. Ad pleniorem iſtiuſce plantæ cognitionem etiam imaginē nobis ex Pona datam hic dare voluimus vt differentiæ inter hanc, & Contarenam interſtinctæ dignoſcantur, nos quoque quaſdam plantas ex Creticis ſeminibus hoc anno terræ commiſſis natas in fictilibus alimus quę cum hucuſque parum creuerint, paruæque idcirco ſunt vix palmum vel paũ plus altæ cũ folijs numero ſeptem, vtrimque tria ex oppoſito, cum folio in extremo quod reliquis maioribus duplo maius cernitur, Itaque cum hæ ſtirpes paruæ ſint, vt non potuerim quic quam de ijs, quæ in propoſita iſtiuſce ſtirpis hiſtoria dicta ſ unt, recognoſcere. Ideo hanc figuram ex Pona conſpicie-ndam admittimus.

Tythimalus

Tithymalus Spinosus Creticus.

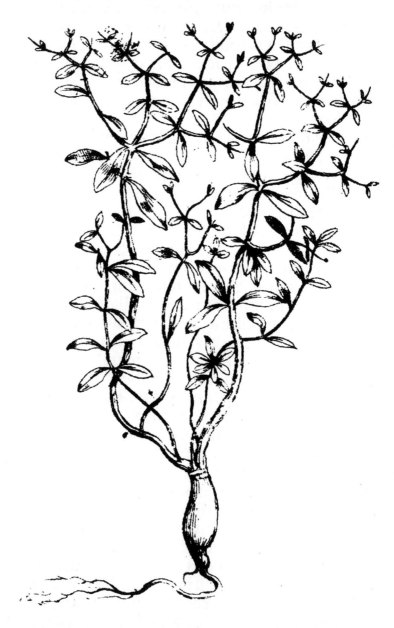

Ex semi-

De Tithymalo spinoso. Cap. XL.

EX seminibus mihi ex Creta Insula communicatis,
nata est planta dodrantalis parua Tythimalorum
ex genere primo anno suæ ætatis ramulis, & solijs
apios Græcorum maximè æmulatur, & eò magis constat quoniam radice nititur in principio
crassa, tuberosa, sed longa in acutum, & exile desinente non
absimili apios radici. Anno vero secundo ramuli breues, tenues, dodrantales in cymis ramificant, & in crucium modum
ramulorum extrema diuiduntur, & desinunt in spinulas tenues, acutas. Aestate foliola ramuli abijciunt, quo spinulæ
duriores, & nigræ euadunt, quæ autumno planta noua germina producente corrumpuntur, & sponte decidunt. Certum est totam plantam lacteo succo acri abundare, & non
carere facultate purgatoria.

Oenanthe Stellata Creticâ.

Planta

De Oenanthe stellata Cretica. Cap. XLI.

Lanta olim mihi ex Creticis seminibus nata est Oenanthe alterę Mattheoli quam similima, & post multos annos caulem vnicum promit rectum, rotundum, dodrantalem, non admodum crassum qui in summitate in quinque ramulos diuiditur, graciles itidem rectos, rectèque actos qui vmbellam albam Oenanthes modo producunt, quæ vmbellæ post flores mutantur, veluti in quinque stellas habentes octo,& quandoq. plures radios,longos,latos,acutos,scilicet in acutum desinentes, & in medio sunt flores paruuli in orbem comprehensi,qui postea indurescunt, & mutantur in semina parua , oblonga; tenuia, scabiolæ indicæ similia simul compacta, & durissima, atq. eæ stellæ maturitate nigræ redduntur, folia cernuntur cuiusmodi sunt Oenanthes secundæ sed pauciora, & maiora in verè visuntur, & æstate maturis seminibus decidunt, & tota hyeme nos sub terram latent, Verèque planta regerminat.Tota planta nititur sex septemue radicibus longis,crassis,carnosis,in acutum desinentibus,ab eodem principio proficiscentibus quā proximis vulgari filipendulæ,aut radicibus asphodeli,sed minoribus tamen,Capita in summitate cauliculorum primo colore virescunt cum nigrore,& tandem vbi semina perfecta fuerint nigra euadunt, & lignosa, & dura. Auderem affirmare hanc plantam esse legitimam Oenanthē, cuius notas Dioscorides perbellè ita expressit;dicens:Oenanthe folia habet pastinacæ florem candidum, *In lib. 3.* caulem crassum, palmi altitudine, semen attriplicis, radicem *de mate.* *med.cap.* magnam in multa rotunda capitula extuberantem, nascitur *115.* in petris : Caulis eius, & folia cum multo vino pota secundas eijciunt:Radix è vino vrinæ stillicidio conuenit.

Trifolium

Trifolium Clipeatum argenteum.

Elegan-

De Trifolio Clipeato Argenteo. Cap. *XLII.*

Legantissima planta parua humi procumbens ac ferè strata trifolio pratensi similis mihi ex seminibus Creticis nata est, quam habui in horto medico Patauino,& habeo flore argenteo inodoro, sapore modicè acri, à quibus floribus(qui singuli ramulo plures simul congesti veluti caput efficiunt argenteum)succed ūt semina nigra,oblōga,lata,tenuia,foliacea, quæ semina ma xi-mè figura ad antiquos clipeos Venetos accedere videntur. Planta est annua , & æstate semina perficiuntur , & facilè nascuntur in solo Patauino,modice flores, folia, & semina calfaciunt, siccant, detergunt & digerunt', & decoctum ex ijs omnibus paratum valenter digeret dolores , & à flatibus obortos sanat.

Caucalis

Caucalis Lufitanica.

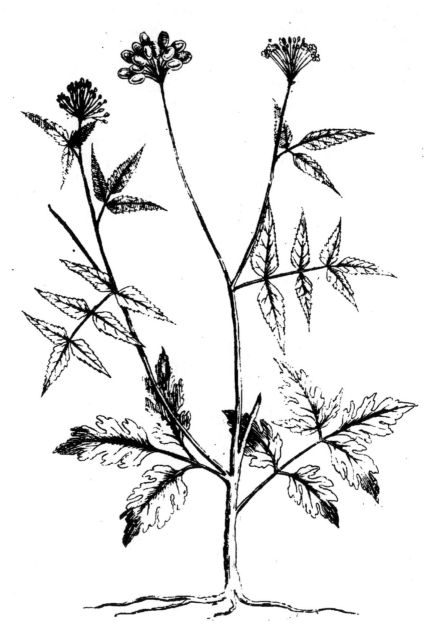

Planta

De Caucalide lusitanica. Cap. *XLIII.*

PLanta vmbellifera mihi ex seminibus lusitanicis nata est quæ folia rara habet, & vulgaris nostræ caucalidis floribus figura similia . Caulem vnicū habet qui in alios multos ramulos finditur rectū cubitalem, & ampliorem, rotundum , gracilem qui in cauliculorum summitatibus fert vmbellas albas à quibus semina lata rotunda producuntur, alba, proxima seminibus tordilij Cretici, aliquantum linguam excalfacientia, & odoris modicū respirantia. Semina idcirco excalfaciunt ad ordinem supra secundum . Certe ex ijs omnibus liquidò nobis constabit hanc caucalidem è lusitania acceptam non respondere ex toto caucalidi antiquorum , vt ex notis caucalidis ex Dioscoride constat qui ita ait: Caucalis, quam alij syluestrem daucum vocāt, cauliculo dodrantali aut maiore cōstat subhirsuto folijs apio similibus feniculi modo per extrema, multifidis hispidisq. can didam in cacumine vmbellam suauiter olentem proferens , Crudū coctumue olerum modo estur, vrinā mouet. At longe clarius cognoscitur non esse legitimum caucalidem antiquorum, & nec vel etiam ex particularibus viribus , etenim Galenus etiam cōparauit caucalidem viribus calfactorijs ad dau cum, qui ita habet: Caucalis, quidam daucum syluestrē nuncupant, est enim ei adsimilis, gustù simul ac viribus: excalfacit enim, vt ille & desiccat, tum vrinam ciet, & muria ad repositionem conditur, Verumtamen non erit viribus spernenda nostra caucalis. Viuit libenter in nostro Horto Medico.

In lib. 2. de mate. med. cap. 132.

In lib. 7. simpl.

Echium.

Echium nigrum flore eleganti.

Etiam

De Echio flore eleganti.   *Cap.* XLIV.

Tiam nata eſt in noſtro horto, Echij elegātiſſima ſpecies quam ex floribus, colorū varietate, Echiū nigrum flore eleganti nuncupauimus. Planta eſt procera ferēs quinq. caules, & plures etiam craſſos, rotundos, non in rectum, ſed oblique actos, & quaſi in terra ſtratos folijs multis denſis, oblongis in acutum deſinentibus, veſtitos, aſperos, ſpinulis acutis vndiq. armatos, & folia, & fructus eodem modo ſpinulis praediti ſunt, in ramulorum ſummitatibus flores viſuntur haud ita parui, vt in alijs anchuſis, lōgi, verſicolores, itaut quidam ex floribus purpureſcant, alij cyaneo colore dilutiori cernantur, flores figura ad paruas campanulas accedunt, ſed ora hiantia habent ac ex ijs ſingulis quatuor aut quinq. fillamenta tenuiſſima promunt, parum odoris reſpirant, folia ſapore dulci ſubacri ſapiunt, à floribus in ramulis numeroſis ac ſimul denſatis fiunt ſemina in quibuſdam vaſculis oblongis, nigro colore, & figura viperinis capitibus ſimilia, vnde à nobis hęc planta Echium ex ſeminibus Echinis, nigris, nigrum nuncupatum eſt flore eleganti: Nititur tota planta vnica radice oblonga pollicari craſſitie, in tenuitatem deſinente, colore albo guſtu eodem.

Iacea

Iàcea Hiſpanica.

Elegan-

De Iacea Hifpanica. Cap. XLV.

 Legantiffima planta Iaceæ Hifpanicæ nomine mihi nata eft, ex feminibus Anglicis, quæ ad me mifit Doctiffimus Ioannes Morus philo-fophus, & Medicus Illuftris. Hæc planta vere Iacea nuncupata eft cum, & folijs, & floribus, & caulibus ex toto Iaceæ vulgari fit fimilis. Flores vero ad flores cyani maxime accedunt, & magnitudi-ne, & figura, & colore etenim colore albefcunt in cæruleum, & veluti radios elegantiffimos habet. Planta annua eft, & fa-pore amarefcit, quo non eft expers facultatis calidæ.

Hedyſarum argenteum.

De Hedysaro argenteo. Cap. XLVI.

Nter varia Hedysari, securidacæue genera, vnū Creticum argenteum est maxime ab herbarijs commendatum argenteis floribus ornatum, elegantissimoque florum candore, planta cernitur, quæ est fruticosa, foliaq. habet cōplura ciceris similia, & flores argenteos trifolijs proximos multos in cauliculorū cacumine simul congestos parum olentes, gustū subdulci amarescente à floribus cornicula tenuia succedunt in quibus sunt semina parua rotunda ; procul dubio hæc planta Hedysarum maxime æmulatur à Dioscoride descriptum, hisce profectò verbis inquiente: Hedysarum, quod vnguentarij pelezinum, idest securidacā vocāt frutex est, folijs ciceris, semen ruffum in siliquis fert corniculorum modo aduncis, quod ancipitem securim emulatur, vnde nomen accepit, amarum gustū, stomacho vtile in potū, additur in antidota, nascitur in segetibus, & hordeis, Galenus addidit amarum, & sub acerbum apparet, quamobrem potū gratum est stomacho, & viscerum obstructiones expurgat. Veram securidicam descriptam nos alimus in horto Patauino, quæ planta nostro hedysaro est amarior, & calidior, Folia nostri hedysari cum sint subamara, & subacerba cum subdulcia, grata sunt stomacho, & sunt esculēta. Planta est perpetua, & numquam vel etiam hyeme folijs se expoliat.

In lib. 5. de mate. med.cap. 124.

In 6.Gm pl.

Marrubium Hiſpanicum.

Marrubij

De Marrubio Hiſpanico. Cap. XLVII.

Arrubij plantam ex Hiſpaniæ delatis ſeminibus natam habui à Reuerendo fratre Georgio Regiano Capucino in ſtudio herbarum admodum exercitato, quæ fruticoſa tota candida eſt, cum leui lanuginealba, & caules aliquot profert quadratos cubitales, & ampliores obliquè actos. Folia habet oblonga, alba, lata, in acutū deſinentia duplo maiora Cretici marrubij, & ex oppoſito in caulibus æqualibus interſtitijs poſita candida, ſubhirſuta. Flores æqualibus ſpatijs itidem in caulibus, & ramulis cernūtur verticillato ambitù candidi, à quibus ſemina parua producuntur tenuia, oblonga, ſapore amaro, ſubacri. Tota planta nititur radicibus tenuibus, longis, lignoſis, multis, Facultatibus calfactorijs, & non inſtrenue ſiccantibus tota planta prædita eſt, præſertim flores ſemina atque folia, quæ non minus amareſcit, quam Creticum ferè marrubium. Vnde ſingulares vſus ad medendum obtinuit præſertimque adhepar & lienem grauibus antiquiſſimis obſtructionibus vexatos, eodē modo folia purgant pectus atque pulmones à craſſis viſcidiſque humoribus. Vnde ad tuſſim antiquam ad difficilem reſpirationem decoctum foliorum ex melle præſentanco eſt remedio, non minus etiam in mulieribus menſes ſuppreſſos reſtituit, Succus vero ex ſaccharo ad viſus claritatem commendatur.

Siſum.

Sisum .

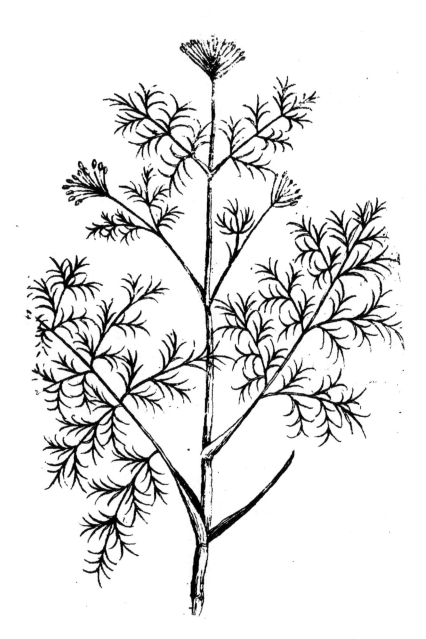

Abhinc

De Siſo. Cap. XLVIII.

B hinc plures annos Ferrandus Imperatus Nea-
politanus vir ſanè in ſimplicium medicamentorum cognitione illuſtris, ad me miſit ſemina
paruiſſima apio ſimilia, nigra, odorata, guſtui
ſubamareſcentia, quibus in meo horto Patauí-
no ſatis, mihi nata eſt planta quam ſimilima ſed longè minor
quæ vnicum caulem bicubitalem protulit, rectum, gracilem,
rotundum, geniculatum folia capillacea fœniculo ſimilia odorata, quippè odore ad fœniculum, & ad anethum inclinantia.
In caulium cacumine vmbellæ paruæ raræ, floſculis albis prę-
ditæ, & etiam ferè ex ſingulis geniculis exeunt ramuli inſum-
mitate etiam paruiſſimas vmbellas ferrentes in quibus defloreſcentibus fiunt ſemina nigra, paruiſſima, oblonga, odorata,
cuiuſmodi diximus, & ſubamareſcētia. Tota nititur plāta radice lōga, alba, gracili odorata anetho proxima. Aliquibus viris
alioquin in herbarum ſtudio exercitatiſſimis viſum fuit hanc
plantā eſſe legitimū ſeſeli maſſilienſe. Quæ tamen opinio (pa-
ce illorū dixerim) mihi viſa eſt à veritate aliena, cū Dioſcor. de
Seſeli maſſilienſe protulerit habere folia fœniculi, ſed craſſio-
ra, caulem vegetiorem, & vmbellas anethi, in qua ſemen oblongum, anguloſum, guſtui ſtatim acre, quæ de noſtra planta
non ſpectantur, ſi quidem folia ſunt fœniculi tenuiora, itemq.
caulem fœniculo eſſe ſtrigoſiorem tenuioremuè, & vmbellā
itidem anethi eſſe longè minorem rarioremq. & noſtræ ſtirpis ſemina non acria ſed ſubamareſcentia experiantur. Quibus fieri quidem non poteſt vt Seſeli Maſſilienſe ſit, quid igitur erit? vt opinor Siſon, ſi quidem Dioſcorides de eo ita ſcribit: Siſon exiguum ſemen eſt, in Syria natum apio ſimile, nigrum, feruens oblongum, ſed Galenus de eo inquit Siſon cali *In lib. 3.*
dum & ſubamarum guſtù. Commendatur verò ad mouen- *de mate-*
dam vrinam & ad mouendos menſes, & ad omnes viſcerum *ria medi.*
obſtructiones. *cap. 53.*

Buphtalmum

Buphtalmum peregrinum.

Etiam

De Buphtalmo peregrino. Cap. *XLIX.*

Tiam ex Ferrante Imperato missa fuerunt semina quibus nata mihi est planta elegantissima ob flores aureos oculis adprimè iucundos, quæ perennis est, hyemisq. frigora spernit, florereq. incipit Verè, & tota æstate, & vsq. etiam in hyeme floret. Fruticat hæc planta multis caulibus rectis, rotundis, gracilibus, sed ab vna radice obliquè actis densis, tricubitalibus colore viridi nigrescente. Folia plura habet quadantenus fæniculo similia, iucundo virore oculos delectantia, in cauliculis verò flores cernuntur aurei coloris fulgescentis duplo anthemidis maiores, à quibus fiunt semina parua, oblonga, tenuia, nigra, Radices subsunt longæ, graciles, subnigrescentes. Imperatus nomine buphtalmi ad me ea semina misit, itaut vir ille doctissimus hanc stirpem esse legitimum Buphtalmum crediderit, & mea sententia rectè sanè sensisse visus sit, quam Andreas Matthiolus de suo Buphtalmo senserit, cum suum Buphtalmum non habeat folia fæniculi vt ait Dioscorides, neque caules molles cum potius asperi sentiantur, neq. flores anthemide appareant maiores. Vnde cum Imperato facilè inclinati sumus vt hæc nostra planta legitimum sit Buphtalmum, de In 6.sim. qua Galenus perbelle ita scripsit: Buphtalmum sic appellatū ʼl. est à floribus, qui figura quidem bouum oculis videantur adsimiles, colores autem anthemidis floribus similimi sunt, sed multo illis tum maiores, tum acriores, proinde & vehementius digerunt adeo vt & durities sanent, etiam cerato misti.

Quinque folium filiquofum.

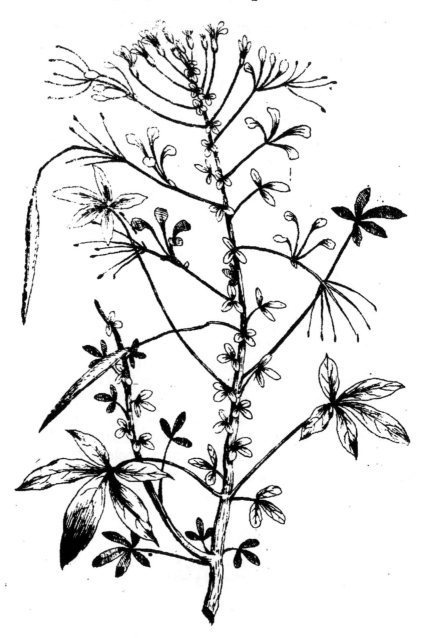

Ex Sy-

De Quinque folio siliquoso. Cap. L.

EX Syriacis seminibus mihi nata est plantula elegā-
tissima in qua licet admirari summum naturę artificium. Primo hæc planta herbacea vnicum cau
liculum semicubitalem fert, qui in alios videlicet
in duos vel tres diuiditur, est rotundus, rectus, gra
cilis, mollis totus à principio ad cacumen vsq. foliolis densis
conuestitus, infernè posita folia maiora cernuntur, & quinq.
numero vt in lupinis cum suis petiolis, & longis, & breuissi-
mis in parte superiori foliola sunt trifolia, cum petiolis bre-
uissimis densè caulem conuestientia, in cacumine cauliculorum primò quasi vmbellæ modo sexdecim ramuli quasi petioli longi, equales, in quibus singulis feruntur alij quatuor
aut quinq. petioli æquales ferentes singuli flosculos singulos
vnifolios, paruos, latos, oblongos, atq. albos, leuiter olentes, eo
rum petioli iterum, aliqui vbi defloruerint, ad hunc producuntur, & quatuor vel quinq. alios petiolos tenuissimos veluti capillamenta adhuc ferunt, à quibus siliquæ oblongę rotūdæ, habentes extrema in acutum desinentia, in quibus continentur semina nigra, rotunda, minutissima, quæ non sunt expertia alicuius facultatis calidæ, sed nondum aliquis quicquā
certi de istiusce plantæ facultatibus, & de vsibus ad medicinā
opportunis. Plāta est fertilissima quoniam semper per totam
æstatem flores augentur, vnde siliquæ innumeræ fiunt ad fæcunditatem. Annua est, nihil tamen ab hyemali frigore patitur, etsi etiam semina autumno terræ committantur, subse-
quentibus frigoribus hyemalibus.

Hyofcjamus Virginianus.

Ab hinc

De Hyofciamo Virginiano. Cap. *LI.*

AB hinc annos duos mihi nata eſt planta ex ſeminibus nomine Lyſimachię Virginianæ ad me miſ-
ſis à Ioanne Moro medico, & philoſopho Anglo
eruditiſſimo. Quæ planta fert caulem craſſum,
rotundum, veluti ſtrijs actum, rectum, non durū,
bicubitalem, & tricubitalem, qui poſtea paulò ſupra radicem
profert duos alios, aut tres caules parum primo minores,
bicubitales, rectos, rotundos, fere ad craſſitiem digiti minoris, folijs multis, longis, non tenuibus, extrema acuminata
habentibus, atque circum leuiter crenatis, & ambitum ine-
qualē poſſidentibus caulibus inordinate ab imo ad cacumen
vſq. inhærentibus, Ex ſingulis verò alarum foliorum cauis
exibat petiolus digitali longitudine ferè rotundus, gracilis,
mollis, qui in cacumine fert florem luteum quadrifolium
leucoijs ſimilem, ſed maiorem in medio illius exeunt multa
capillamenta tenuia, lutea, quibus defloreſcentibus ſuccedūt
ſiliquæ paruæ, craſſæ, oblongę, in extremis tenuiores, & in me
dio craſſiores quæ mature ſcētes indureſcunt, & circum ſtrijs
aguntur, colore viridis dilutioris figura, & magnitudine ad
ny oſciami albi ſiliquas non parum inclinant: ad ſaporem ſub-
dulcem accedentes & inodorę etiam ſunt. Tota planta nititur
radice craſſa in multis diuiſa craſſa alba, & abſq. odore & ſapore. Credidi ego hanc plantam eſſe hyoſcjamum nigrum
Verginiæ familiarem, folia enim ſiliquæ, & ſemina hyoſciamo
Aegyptio à nobis deſcripto ad hyoſciamum accedunt, ad
quem ſemina magnitudine, & colore maximè accedunt, & ex
ſapore inſipido ſubdulci conijcitur eſſe frigidioris tempera-
menti, cuiuſmodi eſt Italicus hyoſciamus.

Bellis Spinosa.

Accepi

De Bellide spinosa. *Cap.* LII.

Ccepi à Ferrando Imperato nomine Bellidis spi-
nosæ semina quibus terrę commissis nata est mihi planta elegantissima floribus ex toto aureis.
Tota planta est fruticosa, habetque à radicibus
multis, gracilibus, lignosis, caules plures, rectos,
graciles, ramosos folijs multis oblongis, spinulis crenarum
loco in ambitù armatis, paruis, oblongis ad myrti folia accedentibus. In cauliculorum summitatibus fiunt flores toti lutei, lati, rotundi ad modum anthemidis nudi folijs, quibus suc
cedunt semina paruissima, oblonga, mollia, & nigra. De facultatibus, & vsibus nihil hactenus cognitum est.

Meum Âlexiterium.

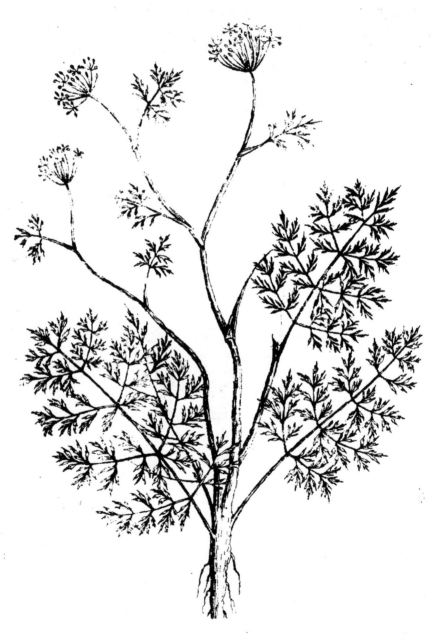

Ragusio

De Meo Alexiterio. Cap. LIII.

Agusio missa est mihi planta Mei nomine à Francisco Crasso philosopho clarissimo, medicoque doctissimo, Patritio Ragusino, scripsitq. ad me Ragusij appellari à vulgo, herba dalle Serpi, ab alijs vero eruditioribus Meum vocari neque (vt mea fert opinio)immeritò quoniam notas legitimi Mei haud iniuria habere videtur, si quidem maximè cum anetho conuenire apparet:quod codices fideliores omnes habēt, etenim Meum simile anetho esse, & non aniso vt legit Plinius & ipsū secutus M. Virgilius, omnes ferè etiam Graeci legunt ανιθο, & non ανισο simile esse vt aliqui perperam voluisse visi sunt, At praeter graecos scriptores Serapio Dioscoridis transcriptor fidelissimus apertè inquit Meum habere folia, & caulem similem anethi folijs,& cauli, vndè doctores ragusei, merito hanc plantam Meum esse, existimarunt, Planta sanè assurgit caule cubitali, & ampliori, rotundo,geniculato,viridi, vt anethum non minus crasso,fert vmbellas paruas floribus paruis,candidis,à quibus succedunt, semina minutissima, oblonga, odorata,& linguam excalfaciētia,ex nodis verò singulis exeunt cauliculi parui cum vmbellis, Planta autem nititur tota radice lōga,gracili,digiti minoris crassitie,alba,in radices aliquot,in radicis extremo diuisa,est odorata, atque acris. Habeo in horto medico plantam huic similissimam, quam reperi in Montibus Bassanensibus, & alias eam pro Meo accepi,& si radix esset,& odoratior, & acrior, certè affirmassem esse Meum legitimū antiquorū, quod de Ragusino Meo audebo affirmare, quando notae ex Dioscoride maximè eluceant, qui inquit: Meum, quod Athamanticum vocant in Macedonia,& Hispania plurimum gignitur,anetho folijs,& caule,simile, sed eo crassius binum fermè cubitorum altitudine attollitur, sparsis in obliquum rectumque radicibus longis, tenuibus, odoratis, linguam excalefacientibus. Quae setnæfactæ ex aqua, vel tritæ citra coctionem preclusorum renum, vesicæque insarctæ vitia potù leniunt, vrinæ difficultatis medentur, stomachi inflatio-

In 1.lib. de re med.c.5.

Liber Secundus. T t nes

nes difcutiunt: Torminibus affectæ vuluæ, articulorum dolo-
ribusatq. fluxionibus pectoris trita cum melle in eclegmate
auxiliantur, fanguinem per menftrua pellunt de fectionibus
feruefactæ, Infantibus autem illitæ imo ventri vrinam mouent, quod fi plus quam deceat ex his bibatur, caput dolore
afficiunt: Non video Meum Ragufinum habere tātum odorem, & acrimoniam, vt Diofcorides dixiffe vifus eft de acrimonia, cum dicat: vrinam mouere effeque ex eo vreticam
plantam; fed Ragufinum præfertim eius radicem potam vel
affumptas cuiuslibet ferpentis morfui, atque veneno valenter
obfiftit, vnde ad omnes morfus venenofos ferpentum fit effi-
caciffimum medicamentum, quò merito dicta herba ferpentum, ego vero Meum Alexiterium idcircò nuncupatus
fum.

Sium minimum.

De Sio Minimo. Cap. LIV.

X seminibus ex aliquibus Italiæ locis delatis primo, nata mihi est herbula fruticosa, mollis, quam postea in Marosticense agro in locis vmbrosis, humidis, spontè natam offendimus, nondum ab alijs, quod sciam alias descriptam. Herbula pedalis, & aliquando amplior fruticat recto caule solijs erucæ sylue stris proximis minoribus tamen ex vna parte crenatis, colore nigrescentibus. Ex caule vero plures ramuli exeunt, in quibus, vt in syluestri eruca vtrimque ex opposito multæ siliquæ, paruæ, tenues, longæ, erucæ syluestris proximè, aut erysimi secūdi cernuntur, & semina habent minuta alba, quæ continuò nata maturitatē perfectā, planta tota ea semina è siliquis eiaculatur, & eadē semina eiaculata in orbem vt in caltha, vertuntur. Mirabile dictū est, si aliquis manu ipsa semina perfectè matura comprehendere tentauerit, continuò instar animalis indignati, semina omnia magno impetù continuò in manum, plantam comprehendentem, & in faciem eiaculantur, non modò sanè dissimili vt in ciclamino fructus maturi semina itidem eiaculantur, & in ea etiam planta, quam idcirco nonnulli, nolli me tangere, nominarunt. At certè longè admirabilius videtur quod nos sæpè conspeximus, scilicet istanc herbulam habētem in tectis semina matura, si manus alicuius, qui fingendo ipsam velle attingere propius accedat, etsi verè quidem non attingat, omnium scilicet, quarum semina matura, magno impetù eiaculari in hominem, atq. ita, vt multis ea repentina cum siliquarum apertione, tum seminum eiaculatione, non leuem inducat timorem. Quibus profectò dubitari posset, an hæc planta ad Æschinomenem vocatam tantopetè olim ab Apollodoro Magno cōcelebratam, quadantenus accedat, at constat illam ab aliquo animali tactam folia in se contrahere: De qua antiquitas an anin al esset meritò dubitauit: Hanc vero veluti indignabundam semina in illos qui ipsam attingere vel etiam confingunt vt animal indignatum magno impetú eiaculari hæc ex subacri sapore

non iniucundoque folia præfertim cruda in acetarijs funt ac-
ceptiſſima. Calida eſt, & ſicca ſupra ſecundum ordinem, humores craſſos incidit, extenuatque, aperit, digerit. Vrinam ſemina mouent , & foliorum vſus venerem auget , & deperditam reſtituit . Annua eſt ſed tamen ſuis ſeminibus ſuam pro-
lem , vbique locorum fœliciter propagando perpetuitatem
nanciſcitur , præfertim in loco humido , & opaco in quo libentiùs luxuriat. Viſitur in horto Patauino.

Arum

Arum Montánum.

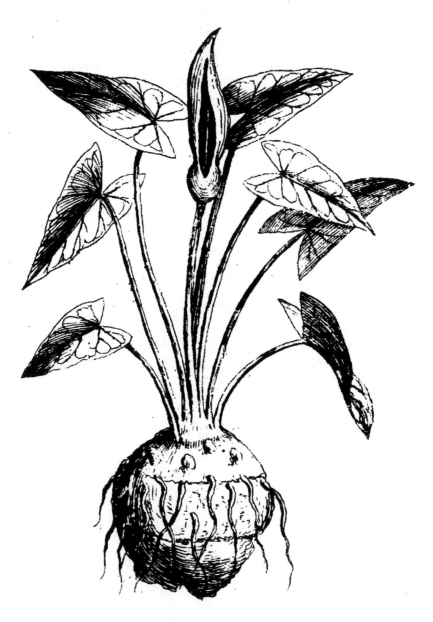

Proximis

De Aro Montano.　Cap. LV.

Roximis diebus,in quibus egimus de Colocaſijs
à Dominico Zanetto,noſtro familiari,rizotomo,
Ari (vt ait) radices aliquot,quas in proximarum
Alpium vigum, vmbroſis conuallibus effoſit figura, radiculis fibroſis, & in alijs prorſus paruis
colocaſijs ſtrogylorizis per ſimiles, & etiam in
magnitudine tanta numquam ab alijs hactenus ſcriptoribus
botanicis delineatis. Quæ Ari radices hæ omnes (vt poſtea vidimus) ſexſeptemuè ad plus fol.a producebant ampla,longis
pediculis prædita ad perſonatia, quam Ari vulgaris magis accedentia, elegantioriſq. viriditatis, interquæ caulis exibat rectus dodrantalis, craſſitie ferè digiti minoris cum inuolucro
Ari vaginæ ſimili,ſed longiori,& latiori cum flore Ari & fructibus, ſed longè minoribus, ſed vt ad radicem redeam vti diximus rotunda eſt, & in germen ad acutum declinans exterius tenui acte tegitur ad obſcurum ſulueſcente intus candida eximiæ acrimoniæ, exterius etiam quoſdam globulos paruos inæqualiter per totam ſuperficiem ſparſos habet qui ſuo
tempore germinant non ſecus quam in colocaſijsatq. etiam
radiculæ paruæ,iongæ,fibroſæ albæq. clenſius circum in ſupe
riori parte inæqualiter ortæ inferius delabentes cernuntur.
Quibus omnibus paruis colocaſijs rotundis maxime ſimiles
apparent.Fortè hæc planta ad magnam Arum Dioſcoridis,&
Theophraſti accedere nobis viſa eſt, ſiquidem ex Dioſcoride
Arum habet radicem bulboſam rotundam radici dracunculi
ſimilem liquido conſtat Theophraſtuſq. expreſſit Ati radicē _{In lib. 1.}
eſſe carnoſam vt ſeta, & folia cucumeracea, & cum latitudi- _{plāt.c.10.}
ne habere cauitatem inquitque ruſticos ipſas coctas edere.
Certè mirari ſatis non poſſum ex multis qui hactenus de plātis ſcripſerunt, nobis huiſmodi arum quod legitimum antiquorum nullis reclamantibus uotis viſitur,neminem propo-
ſuiſſe, cognouiſſeque ac præſertim ipſius radicem magnam
atq. craſſam. Naſcitur, (rizotomo affirmante) in alpium proximarum iugum in oppacis conuallibus his profectò radici-
　　　　　　　　　　　　　　　　　　　　　　　　　bus

bus decoctis Montani vescuntur: ex coctura eæ radices, etsi crudæ immoderatius linguam mordicent, tota acrimonia exuuntur adeòque in decoctis ijs radicibus acrimonia remittitur vt Montani meritò edere queant. Quibus ad cibum vtuntur eò duntaxat tempore in quo ciborum inopia vexantur. Non tamen omnes, quod eæ plurimum sint medicamentosæ, Vnde pastores ea Montana habitantes ad multas ægritudines eas radices edere solent præcipueque ad antiquas viscerum obstructiones ex aceto decoctas, & ex melle ad tussim antiquam, orthopneam, & ad respirationem quouismodo impeditam, atque ad mouendam vrinam. Radix itidem cocta in vterum pessi modo indita ipsum purgat, & ipsius morbis frigidis remedio est, atque etiam ex vino decocta datur ad venerem augendam in refrigeratis, & proli inhabilibus, Exterius vero adhibita cum cruda, tum ex aceto decocta vtilis est ad cutis infectiones, ad vlcera sordida, & cancerosa. Mulieres vtuntur aqua stillatitia ex radice ad faciem maculis detergendam. Oleum amigdalinum, & dulce, & amarum in quo prædicta radix ebullierit est vtilissimum ad neruorum contusiones, & ad partes articulares confractas expertum.

Glaux

Glaux,

De Glauce.   Cap. LVI.

IN locis maritimis paluſtribus iuxta Clodiam Venetorum vrbem, naſcitur planta elegans fruticoſa ab vna radice longa, tenui, lignoſa, in aliquot alias diuiſa plures ramulos caulesuè ferrens, ſcilicet ternos, aut quinos longos dodrantales, & ampliores, graciles ſurſum in aere obliquè actos, folijs æqualibus ferè interuallis raris, ſimul ab eodem exortù quinis, veſtitos, ſtellarum modo cytiſo ſimilibus ſed longioribus, & tenuioribus ſupernè virentibus, infernè candidis non abſque leui quadam lanugine candida. Ramuli vero hinc inde raro interuallo plures tenues & breues ſurculos promunt ijſdem folijs ſed dēſius veſtitos, in quorum cacuminibus flores ſimul ab eodem exortù quaterni aut quini, aut terni quaſi vmbellæ modo ſimul congeſti ad coluteæ ſcorpioides Creticæ, & magnitudine, & figura, & colore albicante in carneum inclinante, à quibus techæ breues rotundæ paruæ ſuccedunt tria, quatuor, aut quinque, continentes ſemina minuta, rotunda, dura, inſipida, ad ſubdulce inclinantia, dubitari vero poſſet à nobis de caulium altitudine quando Dioſcorides dixerit eſſe dodrantales, & noſtræ glauces ſint longè altiores adeò vt aliquando altitudine & cubitali, & amplius attollantur. Verum putamus id poſſe ex ſoli varietate prouenire vt in noſtro glauce in horto olim à me inſerto, vidimus primis annis ex terra dura macra, paruiſſimam habuiſſe magnitudinem, ſed poſterius illanc plantam adoleuiſſe fuit obſeruatum. Folia & flores non ſunt expertes alicuius caliditatis, & odoris. Atq. hæc eſt iſtius plantæ hiſtoria ex qua multis in plantarum ſtudio exercitatis haud abſurdum videbitur, ſi eam glaucem vel ad ipſam glaucem maxime accedere dixerimus. Melchior Guilandinus, præceptor meus nunque ſatis laudatus etiam hanc plantam hoc nomine vocabat. Dioſcorides etiam hanc plantam pro glauce hiſce verbis deſcripſiſſe maxime viſus eſt, inquit enim Glaux cytiſo aut lenticulæ folijs ſimilis, quæ ſupernè virent auerſaque candidiora ijectantur. Ramuli exiliunt quini, ſeniue, tenues ab radices.

dice dodrantem alti, flores violæ albæ purpurei exeunt, minores tamen. Nafcitur iuxta mare, coquitur cum hordeacea farina fale, & oleo in forbitione ad reuocandam extincti lactis vbertatem. Galenus propterea hanc plantam effe calidam, & humidam ftatuit. An vero noftra glaux hanc facultatem lactis augendi habeat, nondum experti fumus.

Campanula Pyramidalis minor.

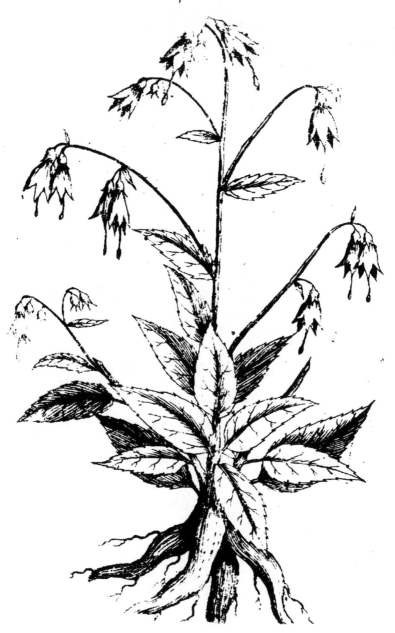

Elegan-

De Campanula pyramidali minore. Cap. *LVII.*

Legantissima planta nascitur in Valle sanctæ
Fidatæ propè Bassanū oppidum duobus mil-
liaribus in locis opacis & humidis(quam plātam vt sciam)non vidi ab aliquo fuisse descriptam, neq. alibi eam vidi nascentem. Ab radice tres vel quatuor, vel plures etiam caules
assurgūt bicubitales, & etiam ampliores, recti, graciles, rotūdi ex quibus hinc inde ramuli multi ascendunt infernè longi,
supernè breues, ita vt seruato æquali ordine in ijs ramulis, qua
si pyramis cum ramulis floribusq. appareat, vnde nos campa-
nulam pyramidalem minorem nominauimus, ad differentiā
pyramidalis vulgatæ herbariorū, quod hæc campanula longe
nostra amplior sit, Ex summitatibus verò ramulorum flor. s
propendent innumeri, qui paruis campanulis sunt similes co
lore aut candido, aut cœruleo dilutiori: Hæque campanulæ
sunt cum suis paruulis rhodopalis (tanto artificio à natura cla
boratæ, vt vix artifex peritissimus ita perbellè eas faceret)deor
sum propendentes, figura florum, qui in vulgaribus rapuncu-
culis spectantur, sed paulo maiores, colore vt etiam dictum est
aut candido aut cœruleo dilutiori, suauiter olentes. Hæc stirps
infernè iuxtà terram admodum est foliosa. Folia verò spectantur longa, viridia, inferius latiuscula, & in acutum desinentia,
magnitudine, & figura quasi ad rapunculos accedentia, vel ad
intybi syluestris folium longè tamen breuius, extrinsece vndique circinata, supernè verò in planta longè minora ac tenuiora cernuntur singulaq. ad singuli ramuli in caule exortū
habentia. Radix autem isti usce plantæ est pergrandis, crassa,
breuis, nucis iuglandis longæ ferè magnitudine, & figura licet quædam sint longiores in acutum desinentes, colore albo
ferè translucido ad rapunculi itidem radicem maximè incli-
nātes sapor verò insipidus viscidus obseruatus est attamen nō
ausus sum exactius masticatione experiri ne latens quædam
facultas deleteria subesset, Namque suspicati sumus plantam
esse venenosam, & fortasse ad Aconitum folio intybaceo
Theo-

Theophrasti accedentem at numquam experimentum fecimus. Si radix esset esculenta in omnibus ad rapunculos inclinare dixissemus cum & caulibus,& folijs, & floribus & seminibus minutissimis, & radicibus magnam habeant similitu-
dinem:De aconito(cui facultate venenosa eam plantam similem esse dubitauimus) Theoprastus ita scripsit: Aconitum
nascitur in Creta zacyntho sed plurimum optimumque in
heraclea pontica. Constat id folio intybaceo, radice tum specie, tum colore nuci proxima. Vim illam mortiferam in hac
esse,folium, & fructum nihil nocere affirmant, Verum tamé
cum Theophrastus addiderit, aconitum esse herbam breué
frumento similem,propterea hæc nostra campanula pyramidalis illud aconitum non erit.Negandum tamen haud est,esse
pulcherrimam plantam,tum ob innumeras pro floribus cam
panulas quas profert, odoratissimas coloris argentei, aut cœ-
rulei dilutioris.Stirps perennis est,& quò annosior,eò radices
habet numerosiores, & crassiores. Quisque in horto medico
videre poterit.

In lib. 9.
de histor.
plant.c.16.

Rapunculus

Rapunculus Petréus.

Nafcitur

De Rapunculo petrǫo. *Cap. LVIII.*

Afcitur planta fatis elegās propè Baſſanum in agro Maroſticenſi, ⸺ à Brenta flumine vix tertia parte milliaris diſtante, in colle lapideǫ Septentrioni expoſito, radice rapunculi alba, eimis ſaxorum infixa, vt proptereà magno labore eruatur, vixq. integra, quæ radix, in quam eſt oblonga, digiti minoris craſſitie carnofa, alba, rapunculo maximè ſimilis, ſapore dulci ſubacri vnde in acetarijs rapunculi modo, (vt audio) eſt ſatis accepta guſtui. Ab radice folia complura fert longis ſuis pediculis gracilibus inhærentia, hederæ folijs carnoſis quàm proxima, minora tamen, longiora, magiſque in acutum deſinentia, tenuiora, colore viridi nigreſcentia, è foliorum medio duo aut tres ſurculi graciles, duri, gracillimi, longi, recti, rotundi, dodrantales cum paruis folijs longis, tenuibus, vtrinq. vnis alternatis cum ſuis petiolis in caule poſitis. In cauliculorum cacumine capitulum paruum, rotundum, aut oblongum extuberat, floſculis compluribus cœruleis in ipſum vndiq. congeſtis, inodoris, quibus ſuccedunt ſemina minutiſſima, rotunda, colore fulueſcentia, papaueris ſimilia: Nos verò ex radice rapūculi magnitudine, figura, & colore albo, & guſtu rapunculum petrǫum (quod in ſaxorum fiſſuris naſcatur) appellauimus non niſiq. proueniat in locis petroſis. Nonnulli inter ſaxiphragas hanc plantam referendam voluerūt neq. iniuria, cum radices lapides frangere videatur. Quid verò de viribus iſtius plātæ cognitum ſit, fateor me non cognouiſſe. Altera ex prædicto rapunculo petræo, ſtirps etiam prouenit, à priori differens folijs tenuioribus tum floribus forma non rotunda, ſed oblōga. Folia etenim iſtius plantæ longa viſuntur in acutum deſinentia, & ad laurina quadantenus accedentia.

F I N I S.